U0461251

3DMAX YINGYONG

3DMAX应用

第二版

■ 主 编 吴万明 唐智慧

■ 副主编 游 洪 向治宇

■ 参 编 邹 言 刘玉洁

熊传红 吴万清

ZHONGDENG ZHIYE JIAOYU
JISUANJI ZHUANYE XILIE JIAOCAI

重庆大学出版社

内容提要

本书以制作三维动画流程为线索、3ds Max 2018软件为平台，详细讲述了三维动画的建模基础、材质基础、灯光基础、摄像机基础及动画基础等技术，全书由9个模块组成，每个模块包括2~5个学习任务。每个模块结束时都设计了本模块的理论测试和操作测试，以便学习者回顾本模块所学的理论知识和操作技能。同时4个实训有机地安排在9个模块之中，实训的难度要高于模块实例，但其所需的知识和技能来源于模块，这样的设计旨在提升学习者的知识迁移能力和技能应变能力。

本书结构清晰、语言简练，既可作为中等职业学校数字媒体技术、多媒体技术、动漫游戏等相关专业的专业教材，也可作为培训用书。

图书在版编目（CIP）数据

3DMAX应用/吴万明，唐智慧主编. -- 2版. --

重庆：重庆大学出版社，2024.1（2025.1重印）

中等职业教育计算机专业系列教材

ISBN 978-7-5624-9513-0

Ⅰ.①3… Ⅱ.①吴…②唐… Ⅲ.①三维动画软件—中等专业学校—教材 Ⅳ.①TP391.41

中国版本图书馆CIP数据核字(2019)第257417号

中等职业教育计算机专业系列教材

3DMAX应用

第二版

主 编 吴万明 唐智慧

责任编辑：章 可 版式设计：章 可

责任校对：关德强 责任印制：赵 晟

*

重庆大学出版社出版发行

出版人：陈晓阳

社址：重庆市沙坪坝区大学城西路21号

邮编：401331

电话：（023）88617190 88617185（中小学）

传真：（023）88617186 88617166

网址：http://www.cqup.com.cn

邮箱：fxk@cqup.com.cn（营销中心）

全国新华书店经销

重庆市正前方彩色印刷有限公司印刷

*

开本：787mm×1092mm 1/16 印张：14.5 字数：345千

2022年9月第1版 2024年1月第2版 2025年1月第3次印刷

ISBN 978-7-5624-9513-0 定价：59.00元

QIANYAN 前言

三维动画设计软件应用是数字媒体技术应用和计算机动漫与游戏制作等专业的专业核心课程之一，也是信息技术类专业的重要选修课程。本教材依据"数字媒体技术应用专业人才培养方案"和"三维动画设计软件应用课程标准"编写。

在新技术日新月异的今天，三维技术已在娱乐、教育、军事、医疗等领域中广泛应用，如新一代体感交互娱乐、教育实验环境仿真、重建军事作战环境、医疗诊断、健康分析等无不展现着三维技术。中职学生通过三维动画设计软件课程的学习，了解主流三维软件的基本方法，熟悉基础建模、应用材质和灯光、动画控制等三维设计方法，能够运用制作工具设计制作三维模型、虚拟场景及简单动画。为更好地达成课程目标，在"学生为中心、能力为本位"的职业教育理念指导下，让学生真正实现学以致用，本教材编写团队精心设计教材的模块和任务，具有以下特色。

一、落实课程思政，强化育人导向

教材围绕立德树人根本任务，挖掘三维设计课程思政教育元素，有机融合到学习任务中，形成知识、技能和课程思政于一体的内容体系。本教材以三维设计与制作相关岗位能力要求为基础，以实例为载体，在实例中蕴含社会主义核心价值观、中华传统文化、职业素养、工匠精神等思政元素，不仅体现专业知识的系统性、技能学习的渐进性，还使学生在课程学习的过程中提升思想品质。

二、落实专业素养，突出职教特色

教材根据三维动画设计软件应用课程对学生的素养和能力要求，结合中职学生的学习特点，采用"模块—学习任务"的编写体例，每个模块由2到5个相关任务组成，每个学习任务完成一个工作实例。每个实例前有"预备知识"，为完成任务做必要的知识和技能储备；实例中有"任务步骤"提供步骤提示、技能技巧点拨，还有"看一看""想一想""做一做"等互动内容，使课堂"动起来、活起来"；实例后有"知识链接"提供相关行业知识、专业术语等，"拓展练习"培养学生迁移技能和知识的能力。

三、落实基础技能，扩展就业渠道

三维动画作为电脑美术的一个分支，是建立在动画艺术和电脑软硬件技术发展基础上而形成的一种相对独立的新艺术形式。三维动画制作软件很多，通用的全功能明星软件有3ds Max、Maya、Rhino、Zbrush、Poser、Blender、FormZ、LightWave 3D等。其中，3ds Max集成了三维建模、动画制作及渲染，是最容易上手的3D软件。教材立足培养学生三维设计的通用技能，以成熟的3ds Max 2018版本为平台，按工作流程和学生认知规律设计了建模、灯光、摄影机和动画制作内容。让学生掌握三维建模、应用灯光和摄影机等基础技能后，能快速上手学习新的三维软件，具备这种学习能力后，能有效解决工作中的新问题，扩展了就业渠道。

四、资源配套齐全，助力教学提质

教材配套有助力教学的电子教案、电子课件、3ds Max源文件、实例素材、参考的贴图材质、实例制作视频和相关的教学视频等，方便教师教学和学生自学，配套资源均免费使用，只需登录重庆大学出版社官网（www.cqup.com.cn)即可观看或下载使用，教师可利用此资源实现课前预习、课后拓展练习，从而提升教学效率。

五、跨界组合编写团队，确保教材科学、适用、职业

本教材的编写团队由相关专业一线教学老师、职业院校技能大赛辅导教师，以及三维动画和游戏制作相关行业的企业技术骨干人员组成。主编由重庆市九龙坡职业教育中心吴万明（数字媒体正高级教师）、重庆工商学校唐智慧（计算机高级教师、三维动画技能大赛辅导教师）两位老师担任，确保了教材的科学性、职业性、适用性和先进性。具体编写分工如下：唐智慧和邹言（重庆工商学校）编写模块一、模块五、模块七、实训一、实训三，刘玉洁（重庆市九龙坡职业教育中心）、熊传红（重庆市九龙坡职业教育中心）、吴万明编写模块八、模块九，向治宇（重庆市永川职业教育中心）编写模块二、模块三，游洪（重庆市垫江第一职业中学校）编写模块四、模块六和实训二，吴万清（北京信息管理学校）编写实训四。

教材编写过程中得到了北方影视公司周开阳等专家的指导和大力支持，他们全程参与编写工作，对教材中的行业发展和三维技术前沿动态等内容、项目案例甄选、术语表达等都给予了深入指导，在此深表感谢。

由于编者水平有限，教材难免存在不足之处，恳请读者提出宝贵意见，我们将不断修订和完善。

编 者

2022年5月

MULU 目录

模块一　揭秘三维动画

模块综述

　　三维动画又称3D动画，三维动画制作是近年来非常热门的行业，称为CG（Computer Graphics，国际上习惯将利用计算机技术进行视觉设计和生产的领域通称为CG）行业。在三维动画的制作软件中，3ds Max 软件处于绝对的优势地位，广泛应用于广告、影视、工业设计、建筑设计、多媒体制作、游戏、辅助教学以及工程可视化等领域。本模块主要介绍三维动画在各行业中的应用以及3ds Max 2018中文版的操作界面，并通过一个"水果篮"实例的讲解，完成三维实例的建立、制作、保存等操作，逐步带你进入三维世界。

学习完本模块后，你将能够：

- 了解三维动画的应用领域、发展前景；
- 掌握三维动画制作流程；
- 能用3ds Max 2018中文版建立文件。

学习任务一　亲密接触三维动画

【任务概述】

　　简单而言，一维是线性的；二维是平面的；三维是立体的空间，犹如我们生活的世界。下面让我们来认识和了解三维及三维动画吧！

【任务目标】

　　通过欣赏三维动画，了解三维动画的概念、制作流程及应用领域。

一、三维动画与三维动画制作流程

看一看••••••••••••••••••••

　　打开本书配套素材"模块一\素材\Autodesk动画演示1.avi和Autodesk动画演示2.avi"，欣赏两个动画，仔细观察，回答下面的问题（图1-1-1和图1-1-2是两个动画的画面截图）。

图1-1-1　动画演示1　　　　　　　　图1-1-2　动画演示2

（1）动画中，最吸引你眼球的是什么？

（2）你觉得哪一个动画展现了实际的生活环境？哪一个动画运用了夸张等表现手法？

知识窗

三维动画的制作流程

　　前面欣赏的两个动画都是利用计算机三维软件制作出来的虚拟三维动画，无论多么复杂的三维动画，其制作环节都是由前期规划、中期制作和后期合成三个阶段组成。

　　前期规划：主要包括三维动画的脚本创作、动画场景设计、角色及道具的造型设计等内容。

　　中期制作：利用计算机的三维软件制作前期设计的场景、角色、道具，完成建模、材质、灯光、动画、摄影机控制、渲染等工作。

　　后期合成：将中期制作的动画片段、声音等素材，按照分镜头脚本的设计，通过非线性编辑软件的编辑，最终生成动画影视文件。

二、三维动画的应用领域

做一做

　　欣赏本任务提供的电影片段及广告，找一找影片中的三维效果。

1. 电影《哪吒之魔童降世》

　　看过《哪吒之魔童降世》的观众都有一种"身临其境"的观后感，这都是影片中采用的立体摄像机、立体抠像、虚拟摄像机、CG场景和虚拟场景制作及3D立体合成等技术的功劳，如图1-1-3所示。

图1-1-3　《哪吒之魔童降世》虚拟场景

2. 动画片《玩具总动员》

皮克斯的动画系列电影《玩具总动员》共制作了5部，由华特迪士尼影片公司和皮克斯动画工作室合作推出，如图1-1-4和图1-1-5所示。其中的第一部是首部完全使用计算机动画技术打造的动画电影。

图1-1-4　《玩具总动员1》截图

图1-1-5　《玩具总动员4》截图

知识窗 ··············

三维动画的应用领域

电视广告、动画片、电影、虚拟现实、游戏中越来越多地看到三维动画元素。从行业上看，三维动画制作的分工也越来越细，已形成以下几个比较重要的行业。

1. 建筑规划领域

三维动画在建筑领域方面的应用主要是房地产漫游动画、建筑漫游动画、三维虚拟样板房展示动画、楼盘3D动画宣传片、建筑概念动画、园林景观动画等，如图1-1-6所示的建筑模型效果和图1-1-7所示的楼盘样板房。

图1-1-6　建筑模型效果

图1-1-7　楼盘样板房

2. 三维卡通动画

三维动画潜力巨大，前景看好，制作技术越来越精湛，制作出许多深受儿童喜欢的动画片，如图1-1-8所示。

图1-1-8　卡通动画角色及场景

3. 游戏开发

目前游戏行业的主流是三维游戏，部分三维游戏还改编成了三维立体电影，如图1-1-9所示的《大圣归来》游戏截图。

4. 动画广告

动画广告是现代广告普遍采用的一种表现方式，如图1-1-10所示的牙膏广告截图效果。

图1-1-9　《大圣归来》游戏场景

图1-1-10　牙膏广告

5.虚拟现实

虚拟现实中采用三维动画展示微观结构，如图1-1-11所示的3D打印的人体器官模型；采用三维动画模拟人工智能、大数据、传感技术等方面的应用，提升用户体验，增加视觉效果，如图1-1-12所示的模拟火箭升空后脱节和燃料的变化。

图1-1-11　3D打印的人体器官模型　　图1-1-12　模拟火箭升空后脱节和燃料变化

6.影视动画

影视作品中采用三维动画技术主要是弥补实拍画面的不足，节省费用和时间，有时使用计算机制作影视动画的费用比实拍所产生的费用要低。

知识链接

三维动画人员的就业

三维动画行业在我国是一个新兴行业，人才需求量大，主要的工作内容如下：

(1) 各类制造业、服务业从事广告设计、广告片的制作工作；

(2) 电影制片厂、电视剧制作中心从事影片特效制作、影片剪辑等工作；

(3) 影视公司、动画制作公司从事二维动画、三维动画制作等工作；

(4) 电视台从事节目编辑与节目特效制作工作；

(5) 建筑公司从事建筑效果图、建筑动画的制作工作。

学习任务二　旋转水果篮——初识三维动画流程

【任务概述】

欣赏了三维动画，同学们一定跃跃欲试了吧！本任务让我们制作"旋转水果篮"动画来探索三维动画制作流程吧。

【任务目标】

通过制作旋转水果篮实例，掌握3ds Max 2018制作三维动画的基本流程。

【任务制作思路】

创建几何球体	添加晶格修改器	合并水果模型
创建摄影机	制作旋转动画	输出动画

【预备知识】

认识3ds Max 2018的工作界面, 如图1-2-1所示。

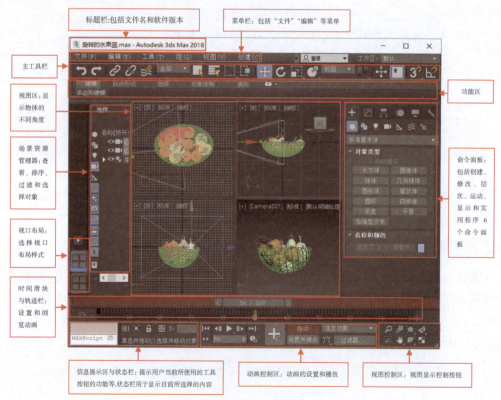

图1-2-1 3ds Max 2018的工作界面

【任务步骤】

一、创建模型

1. 创建篮子主体模型

（1）绘制几何球体。启动3ds Max 2018软件，新建文件（文件名默认为无标题）。在➕（创建面板）中单击◉（几何体）→ 几何球体 ，在顶视图中绘制一个球，如图1-2-2所示。

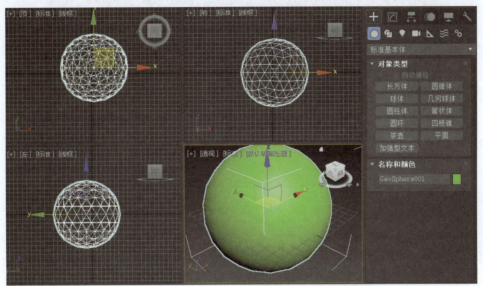

图1-2-2　创建几何球体

（2）制作半球。单击☑按钮进入修改面板，设置颜色为绿色，半径为80，分段为9，基点面类型为"八面体"，勾选"半球"，如图1-2-3所示。

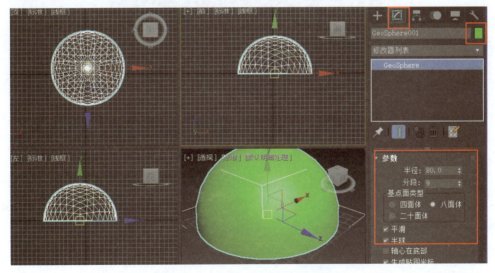

图1-2-3　在修改面板中设置参数

（3）垂直反转球体。在前视图中选择半球，单击 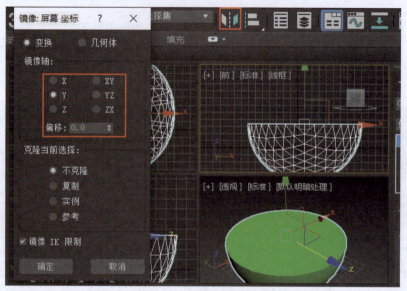（镜像）按钮，弹出"镜像：屏幕坐标"对话框，设置"镜像轴"为Y轴，单击"确定"按钮，将半球沿Y轴反转，如图1-2-4所示。

图1-2-4　垂直反转球体

（4）压扁半球。单击 ◫（选择并非均匀缩放）按钮，在前视图中的X轴上按住鼠标左键向右拖动，对半球进行非均匀缩放，如图1-2-5所示。

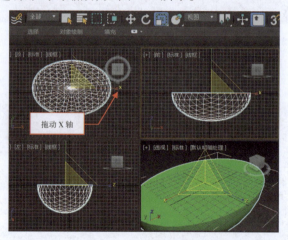

图1-2-5　压扁半球

（5）删除顶部面。单击 ◪ 按钮进入修改面板，为半球添加"编辑网格"修改器，如图1-2-6（a）所示，单击"选择"栏中的 ▢（多边形）按钮，勾选"忽略背面"，按住Ctrl键，选择顶视图中半球的所有面，按Delete键删除，如图1-2-6（b）所示。

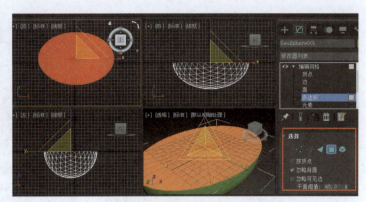

（a）添加修改器 　　　　　　　　　　（b）选中半球顶部的面效果

图1-2-6　删除顶部面

（6）添加"晶格"修改器，设置支柱半径为1.2，节点半径为1.5，如图1-2-7所示。

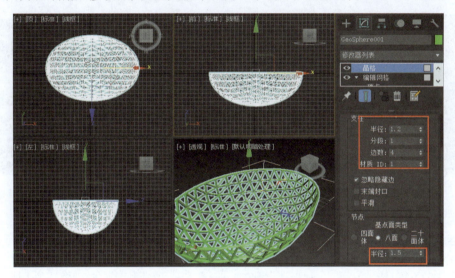

图1-2-7　"晶格"修改器参数与效果

（7）给篮子加轮廓。在 ➕（创建面板）中单击 〇（图形）→ 椭圆 ，在顶视图中绘制一个球。

2.导入水果模型

（1）单击"文件"菜单按钮，选择"导入"→"合并"，如图1-2-8所示。

（2）将"模块一\素材\水果素材.Max"文件导入，在弹出的"合并"对话框中，如图1-2-9所示，选择全部对象，单击"确定"按钮，将水果导入到场景中。

（3）复制和调整水果位置。选择透视图中的苹果，按住Shift键利用 ✛（选择并移动）工具复制苹果，并调节各视图的位置，用相同的方法继续复制水果，直到篮子装满，各视图效果如图1-2-10所示。

（4）激活透视口，按F9快捷键快速渲染，渲染效果如图1-2-11所示。

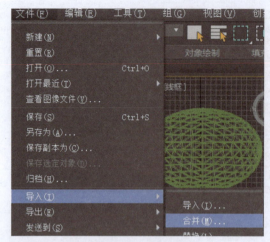

图1-2-8 合并命令　　　　　　　　　图1-2-9 "合并"对话框

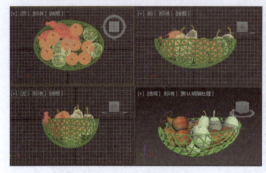

图1-2-10 各视图效果　　　　　　　　图1-2-11 透视口渲染效果

3.组合所有模型

　　按Ctrl+A快捷键全选所有模型,执行主菜单"组"→"组"命令,如图1-2-12所示,将所有模型成组,并命名为"模型",如图1-2-13所示。

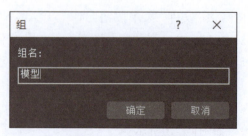

图1-2-12 成组命令　　　　　　　　图1-2-13 "组"对话框

二、添加摄影机

（1）创建摄影机。单击 ✛ （创建面板）下的 ▤（摄影机）→ 目标 ，在顶视图中创建一架摄影机，并调整位置，如图1-2-14所示。

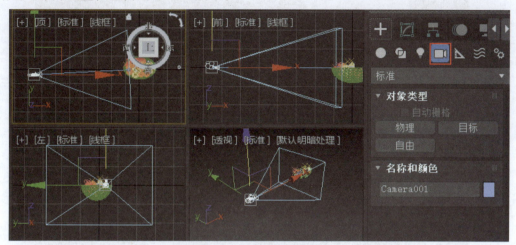

图1-2-14　创建摄影机

（2）转换摄影视图。激活透视图，按C键，将透视图转换为摄影机视图。

三、制作动画

（1）创建自动关键帧模式。选中摄影机视口中的水果模型，单击时间线面板中的 自动 按钮，使场景处于自动关键帧模式，如图1-2-15所示。

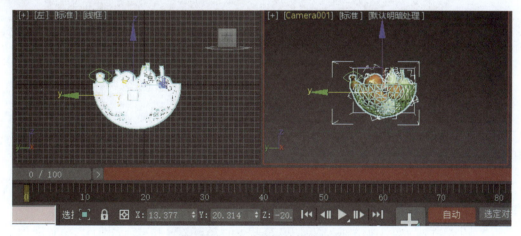

图1-2-15　自动关键帧模式效果

（2）顺时针旋转水果篮。移动时间滑块 0 / 100 按钮到第50帧处，再单击主工具栏中的 ↻ 旋转工具，将"水果篮"模型沿黄色的轴线将其顺时针旋转2圈，如图1-2-16所示。

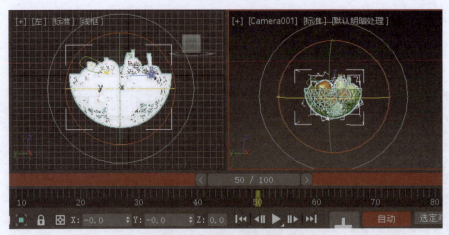

图1-2-16　第50帧场景效果

（3）逆时针旋转水果篮。移动时间滑块 50 / 100 按钮到第90帧处，再将"水果篮"模型沿黄色的轴线逆时针旋转3圈，如图1-2-17所示。

图1-2-17　第90帧场景效果

图1-2-18　动画控制区

（4）预览动画。单击如图1-2-18所示的动画控制区中的动画播放按钮，可看见水果篮顺时针旋转2圈，然后逆时针旋转3圈。

四、动画输出

（1）设置渲染参数。执行"渲染"→"渲染窗口"菜单命令（快捷键F10），在"时间输出"中选择"活动时间段"，在输出大小参数中选择"640×480"，如图1-2-19所示。

（2）设置渲染文件。单击"渲染输出"参数下的 文件… 按钮，如图1-2-20所示。

（3）保存渲染文件。设置文件类型为.avi，输入文件名，单击"保存"按钮后，将出现帧频设置窗口，设置帧频为25，返回到渲染窗口后单击 渲染 按钮，即可看到动画正在一帧一帧地渲染。

（4）渲染完毕后，将看到一个.avi文件已生成，双击即可查看效果。

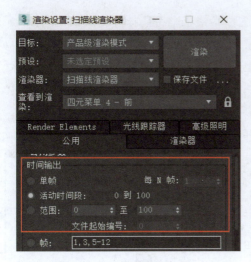

图1-2-19 设置渲染参数

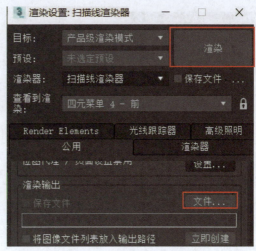

图1-2-20 设置渲染文件

五、保存文件

单击标题栏上的 █ (保存)或按Ctrl+S快捷键保存文件,并命名为"一篮水果.max"。

知识链接 ⋯⋯⋯⋯⋯⋯⋯

1.3ds Max 2018视图操作

视图区位于界面的正中央,系统默认状态是顶视图、前视图、左视图和透视图4个视图显示方式。常用的视图区操作有如下几种:

(1)激活视图

激活视图就是选择视图,将其确认为当前视图。当前视图只有一个,移动鼠标至需要激活的视图中,单击左键或右键即可激活视图。

(2)变换视口

● 改变视口大小:将鼠标光标放在视图分界线的十字交叉点上,按住鼠标左键拖动视图分界线改变每个视口的大小,图1-2-21所示是非均分视口,图1-2-22所示是均分状态的视口。

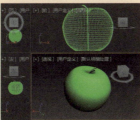

图1-2-21 非均分视口

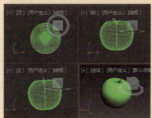

图1-2-22 均分状态视口

图1-2-23　视图控制区

提示:在视图分界线上单击鼠标右键,在弹出的快捷菜单中选择"重置布局"命令,恢复视图的均分状态。

• 视图控制区:3ds Max 2018视图的缩放、平移、旋转及最大化等都可以通过视图控制区按钮实现,如图1-2-23所示。

• 视图变换技巧:视图最大化/还原按Alt+W快捷键;按Alt+Z快捷键并拖拽左键,缩放视图;按Alt+R快捷键并拖曳左键,旋转视图;按住Shift键并拖曳左键,平移视图。

（3）切换视图

• 方法一:右键菜单切换。在视图左上角的视图标志上右击,弹出如图1-2-24所示的快捷菜单,从中可以直接选择视图操作命令。

• 方法二:快捷键切换,各视口快捷键如下:

T:顶视图　F:前视图　L:左视图　P:透视图

B:底视图　U:正交视图

图1-2-24　切换视口

2. 管理文件

（1）新建文件

打开菜单栏的"文件"菜单,鼠标移到"新建"上,会出现"新建全部""保留对象""保留对象和层次""从模板新建"4个选项,如图1-2-25所示,根据需要选择其中一项新建即可。

图1-2-25　新建场景

• 新建全部:原来场景中的所有内容全部删除。

• 保留对象:在新的场景中只保留原来场景中的对象,对象与对象之间的连接层次将被删除。

• 保留对象和层次:在新的场景中保留原来场景中的对象和对象之间的连接层次,但是对象的关键帧将被删除。

• 从模板新建:从3ds Max系统自带的模板中选择参考示例新建文件。

（2）打开文件

执行"打开"→"打开文件"菜单命令(Ctrl+O快捷键)可加载场景文件(max文件)、角色文件(chr文件)或viz渲染文件（drf文件）到场景中。

（3）重置文件

重置文件是指清除视图中的全部数据,恢复到系统初始状态,因此在重置之前一定要先保存文件。为防止用户误用,在重置之前会有提示信息让用户确认是否重置。

（4）导入文件

导入文件是3ds Max与其他软件之间相互转换数据的一种通道,在3ds Max中只能打开.max格式的文件，但是通过"导入"命令，可以打开非3D软件的文件格式，如3ds、prj、shp、ai、dwg、dxf等格式的文件。如本任务中导入的水果文件。

（5）导出文件

与导入文件一样，也是与其他软件之间相互转换数据的通道，可以导出的文件类型有ds、prl、shp、ai、dwg、dxf、hir、syl等格式。

模块测试·············

一、理论测试

1. 请写出视口变换的快捷键。

顶视图：_____   前视图：_____   左视图：_____

透视图：_____   底视图：_____   正交视图：_____

2. 3ds Max的命令面板有：_____、_____、_____、_____和_____。

3. 简述三维动画的制作流程。

4. 简述三维动画的应用领域。

二、操作测试题

1. 利用课余时间欣赏《哪吒之魔童降世》和《玩具总动员5》电影，欣赏影片中的三维动画效果。

2. 视图区操作。

（1）新建文件"金色茶壶.max"，有壶盖的茶壶（见图1-2-26）和无壶盖的茶壶（见图1-2-27），观察前视图、左视图和透视图显示的效果，并保存文件。

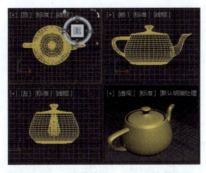
图1-2-26　设置半径：120，分段：10

图1-2-27　茶壶部件：取消壶盖

（2）利用"金色茶壶.max"，按Alt+W快捷键切换视图窗口到最大化，利用"选择并移动"按钮分别沿X轴和Y轴移动茶壶。

模块二 　三维建模基础

模块综述

　　我们身处的世界虽然充满了形形色色的物品,但是不论它有多复杂,都是由一些简单的几何体造型组成的。在本模块中,我们将利用3ds Max 2018提供的几何体模型来创建复杂物体。

学习完本模块后,你将能够:

- 利用几何体创建卡通卧室;
- 利用建筑构件制作精美的小屋;
- 学会3ds Max对象的操作技巧;
- 学会3ds Max复制建模技术。

学习任务一 　卡通卧室——几何体建模

微课

【任务概述】

　　在欣赏三维动画片《熊出没》时,你是否被熊大、熊二的洞穴吸引,为光头强的逼真山村卧室而感叹呢? 在本任务中,我们将通过几个倒角长方体、两个平面、一段L形墙和圆环、半个球体进行组合,就构建成一间逼真的卡通卧室。神奇吧,一起去实践!

【任务目标】

　　通过制作卡通卧室模型的实例,学习对象的选择、移动、缩放、旋转和复制等建模操作方法。

【任务制作思路】

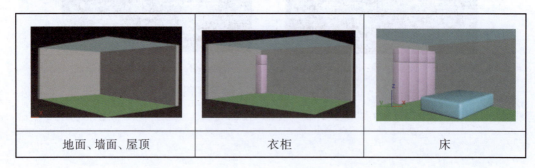

| 地面、墙面、屋顶 | 衣柜 | 床 |

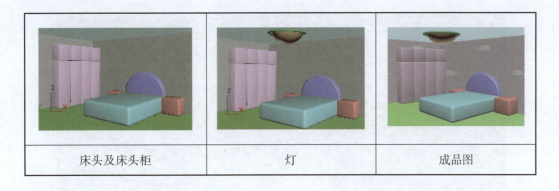

床头及床头柜	灯	成品图

【预备知识】

3ds Max 2018提供的标准基本体、扩展基本体如图2-1-1和图2-1-2所示，利用这些模型可以方便地搭建所需物品。

图2-1-1　标准基本体

图2-1-2　扩展基本体

如何创建呢? 操作步骤具体如下:

（1）单击"对象类型"面板上的 长方体 按钮，此时按钮显示为蓝色激活状态。

（2）激活透视图，在透视图中按住左键不放，拉出长方形平面，单击左键，然后向上移动鼠标，确定长方体高度，再单击左键完成长方体的创建，如图2-1-3所示。

图2-1-3　透视图中长方体效果

【任务步骤】

1. 创建墙面、地面和屋顶

（1）创建墙面。单击 ➕（创建）→ ⚪（几何体）→"扩展基本体"→"L-Ext"按钮，在顶视图中创建一个L形墙，如图2-1-4所示。

（2）创建地面。单击 ➕（创建）→ ⚪（几何体）→"标准基本体"→"平面"按钮，在顶视图中创建一个平面作为地面，并在前视图中调整位置至墙面底部，如图2-1-5所示。

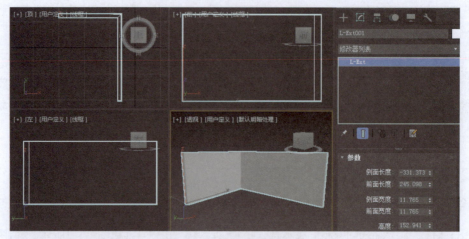

图2-1-4 墙体四视图效果

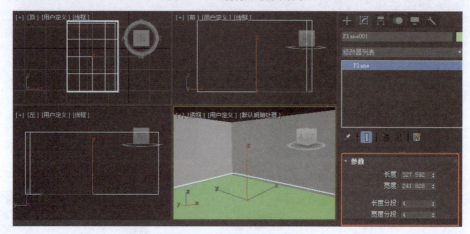

图2-1-5 地面四视图效果

（3）创建屋顶。将地面复制一份作为屋顶，在前视图中调整屋顶位置，选择屋顶，单击 ![修改] （修改）→修改器列表，在修改器列表下拉菜单中选择"壳"修改器，给屋顶添加厚度，如图2-1-6所示。

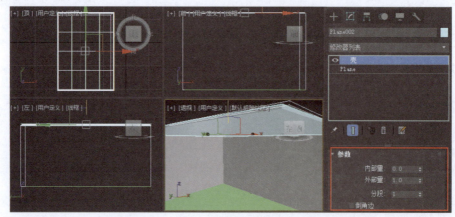

图2-1-6 屋顶效果

2. 创建衣柜

（1）创建衣柜下层。在顶视图墙角位置创建一个长：20，宽：24，高：75，圆角：1，颜色：淡粉红的切角长方体，作为衣柜的下层。

（2）创建衣柜上层。选中衣柜下层复制一个，利用 ▦ 按钮将复制后的衣柜沿Y轴压缩，将高度变小，调整其位置到衣柜下层的上面，最后将上下两层的衣柜进行成组，如图2-1-7所示。

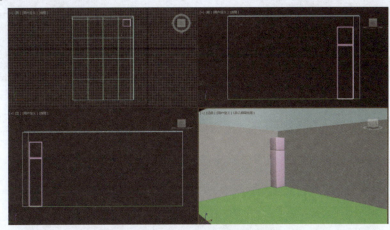

图2-1-7　在墙角创建衣柜

（3）创建其他衣柜。将这排衣柜利用克隆工具，再复制3排，利用"选择并移动"工具，移动成紧密排列的四排衣柜，如图2-1-8所示。

图2-1-8　4排衣柜效果

3. 创建床

（1）制作床体。在顶视图地面中央位置创建一个切角长方体，调整位置，设置参数，如图2-1-9所示。

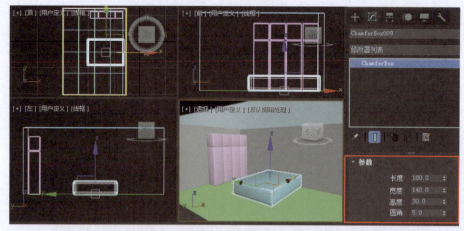

图2-1-9　创建床体

（2）制作床头。在左视图床顶部位置创建一个切角圆柱体，设置参数如图2-1-10所示。

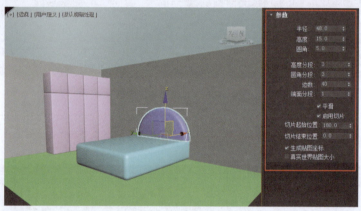

图2-1-10　创建床头

（3）制作床头柜。再创建一个切角长方体，设置参数，调整位置，放置在床头的一侧，作为一个床头柜；将其克隆，并移动到床头另一侧，作为另一个床头柜，如图2-1-11所示。

图2-1-11　制作床头柜

4.创建灯

（1）制作灯体。在顶视图创建一个球体，并调整半径及半球系数。这时，半球朝上，选中灯，在前视图中利用"镜像"按钮，沿Y轴克隆但不复制，使其方向变化，再移动到屋顶位置，如图2-1-12所示。

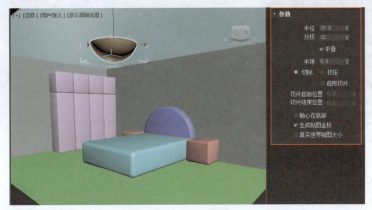

图2-1-12　制作灯体

（2）制作灯环。在顶视图创建一个圆环，将利用移动工具，调整圆环中心，使其与半球的中心重合，并调整参数，包括两个半径的大小，使环内边正好贴在灯边缘的位置，如图2-1-13所示。

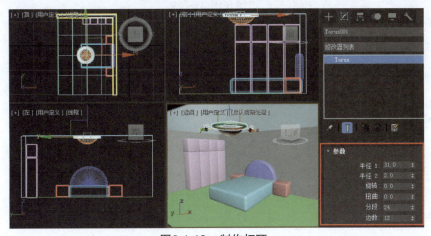

图2-1-13　制作灯环

5. 创建墙纸

（1）墙面贴图。选中墙体，单击　按钮打开材质编辑器，单击漫反射旁边的小按钮　，如图2-1-14所示。在材质贴图浏览器中选择"位图"，再选择"模块二\材质\墙纸贴图.jpg"文件，单击　将材质指定给选定对象，单击　在视口中显示明暗处理材质。

（2）渲染输出。在菜单栏执行"渲染"→"环境"命令，设置背景颜色为浅灰色。按Shift+Q快捷键快速渲染，效果如图2-1-15所示。

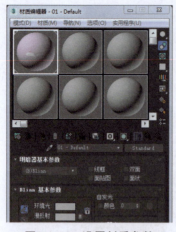

图2-1-14 设置材质参数

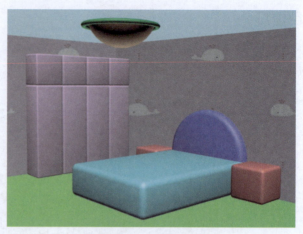

图2-1-15 渲染效果

6. 保存模型

按Ctrl+S快捷键保存模型，取名为"卡通卧室.max"。

知识链接 · · · · · · · · · · · · ·

对象的操作技术

对象的基本操作包括对象的选择、移动、缩放、对齐、捕捉组合以及隐藏和冻结等，熟练掌握这些技巧，能提高工作效率。

1. 选择对象

选择对象是操作对象的前提，在3ds Max中提供"名称""选区""颜色""材质"等命令完成选择对象。

按名称选择　　选择区域　　选择方式

图2-1-16 选择工具

（1）选择工具。3ds Max 2018选择工具如图2-1-16所示。

（2）按颜色选择。当创建一个包含许多对象的复杂场景时，可根据颜色准确地选择所需要的对象。执行"编辑"→"选择方式"→"颜色"命令即可，如图2-1-17所示。

图2-1-17 颜色选择命令

（3）选择技巧

• 加选：按住Ctrl键，单击对象，则添加到选区。

• 减选：按住Alt键，单击被选中的对象，则从选区中先移除该对象。

• 选择"选择并移动" ✛工具、"选择并缩放" ▦工具及"选择并旋转" ↻工具也能实现选择对象，当使用这些工具时，不用再去选择对象。

2. 变换对象

变换对象操作可改变对象的位置及外观形态，包括移动、旋转以及缩放等基本操作。

（1）移动对象

①手动移动：使用 ✛工具，如图2-1-18所示。

• 单向轴：用鼠标激活单向轴，按住左键拖动，能在单向轴上移动对象，从而改变对象位置。

• 轴平面：用鼠标激活轴平面，按住左键拖动，能在平面上移动对象，从而改变对象位置。

②精确移动：右击工具栏上的 ✛按钮，打开"移动变换输入"对话框，通过输入坐标数值来精确改变对象位置，如图2-1-19所示。

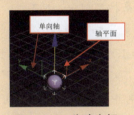

图2-1-18 移动坐标

图2-1-19 "移动变换输入"对话框

（2）旋转对象

旋转对象是指沿指定的一个轴旋转至任意角度。↻（选择并旋转）工具的使用方法与 ✛（选择并移动）工具相似，如图2-1-20所示。

①拖动单个轴向，进行单方向上的旋转。红、绿、蓝3种颜色分别对应X、Y、Z3个轴向，当前操纵的轴向会显示为黄色。

②拖动内圈的灰色圆弧，能使对象在3个轴向上同时旋转，实现对象自身的空间旋转。

③拖动外圈的灰色圆弧，能使对象在当前3ds Max 2018视图角度的平面上旋转。

图2-1-20 旋转图示

（3）缩放对象

利用主工具栏"选择并缩放" ▦工具可实现3种方式的缩放。

• 选择并均匀缩放 ▦：沿3个坐标轴均等地对所选对象进行缩放，体积改变，形状不变。

• 选择并非均匀缩放 ▦：沿3个坐标轴非均等地对所选对象进行缩放，改变体积和形状。

• 选择并挤压 ▦：在指定的坐标轴上对所选择的对象进行挤压变形，体积不变，形状发生变化。

3.对齐对象

对齐工具用于精确定位某一个对象的位置,通常有"精确对齐""快速对齐"和"法线对齐"3种方式。

精确对齐操作方法:选中对象后,在主工具栏单击▣按钮,再单击目标对象,弹出"对齐当前选择"对话框,如图2-1-21所示。

快速对齐▦是将当前对象与目标对象的位置进行对齐。

法线对齐▧是基于某个对象的面或选择的法线方向来对齐两个物体。

- 对齐位置:根据当前所用坐标系来确定对齐的坐标轴。

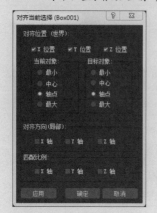

图2-1-21 "对齐当前选择"对话框

- 当前对象:确定当前选择的对象需要对齐的轴位置。
- 目标对象:确定用来对齐的参考对象的轴位置。

最小:原对象的对齐轴负方向的边框与目标对象的选定部分对齐。

中心:原对象与目标对象按几何中心对齐。

轴点:原对象与目标对象按轴心对齐。

最大:原对象的对齐轴正方向的边框与目标对象的选定部分对齐。

- 对齐方向:确定方向对齐所依据的坐标轴向。
- 匹配比例:将目标对象的缩放比例沿指定的坐标轴施加到当前对象上。

4. 捕捉对象

捕捉工具用于精确捕捉对象的位置,在创建、移动、旋转和缩放对象时提供附加控制,为建模提供有利条件。

（1）捕捉工具

在3ds Max 2018中,空间捕捉工具可分为二维捕捉▨、2.5 维捕捉▨和三维捕捉▨,这些按钮是重叠在一起的,它们的含义如下:

- 二维捕捉▨:只捕捉当前视图中栅格平面上的曲线和无厚度的表面造型,不能捕捉有体积的造型,经常用于平面图形的捕捉。
- 2.5维捕捉▨:介于二维与三维之间的捕捉工具。不但能捕捉到当前平面上的点与线,也能捕捉到各个顶点与边界在某一个平面上的投影,适用于勾勒三维对象的轮廓。
- 三维捕捉▨:直接在三维空间中捕捉到相应类型的对象。

（2）捕捉设置

在空间捕捉按钮▨上单击右键,弹出"栅格和捕捉设置"对话框,如图2-1-22所示,灵活地及时更改此设置,可以给工作带来极大的方便。

- 栅格点:捕捉栅格的交点。
- 轴心:捕捉物体的轴心点。

- 垂足：捕捉到与另一直线垂直的交点。
- 顶点：捕捉网格或可编辑网格物体的顶点。
- 边/线段：捕捉物体边界上的点。
- 面：捕捉表面的点。
- 栅格线：捕捉栅格线的点。
- 边界框：捕捉边界框上的点。
- 切点：捕捉与样条曲线相切的点。
- 端点：捕捉样条曲线或对象边界的端点。
- 中点：捕捉样条曲线或对象边界的中点。
- 中心面：捕捉三角面的中心。

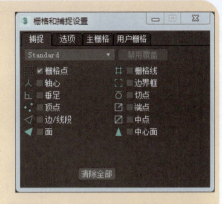

图2-1-22 "栅格和捕捉设置"对话框

拓展练习 ......

利用几何体和移动、旋转及缩放工具创建跷跷板，如图2-1-23所示。

操作提示：

（1）制作底座：创建一个管状体，设置启用切片，切片起始位置：180，切片结束位置：0，然后把管状体旋转90°。

（2）制作桥板：创建一个长方体。

（3）制作扶手：创建一个圆环，设置启用切片，切片起始位置：90，切片结束位置：-90。

（4）制作坐垫：创建一个切角长方体。

（5）选中桥板、扶手和坐垫，执行"组"→"组"菜单命令，创建一个新组，然后对组进行整体旋转。

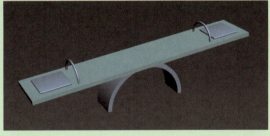

图2-1-23 跷跷板

学习任务二　精美小屋——建筑构件建模

【任务概述】

动画片中的房屋,尖尖的屋顶、圆圆的门窗,个性的外观是如何创建的呢?本任务中将学习利用3ds Max提供的建筑建模工具制作精美小屋。

【任务目标】

通过3ds Max提供的常用建筑构件制作精美小屋的实例,学习墙体、门、窗、栏杆、植物的创建和修改方法及捕捉工具、对齐工具的使用技巧。

【任务制作思路】

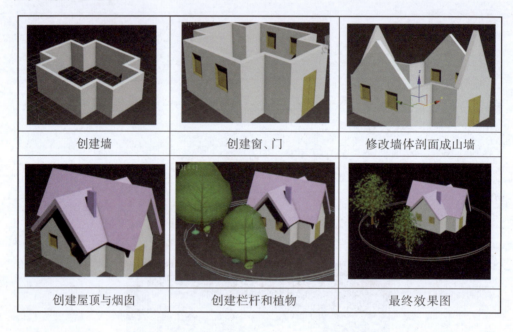

创建墙	创建窗、门	修改墙体剖面成山墙
创建屋顶与烟囱	创建栏杆和植物	最终效果图

【预备知识】

1.墙的创建

（1）单击 ➕ (创建)→ ⬤ (几何体)面板中的"AEC扩展"按钮,单击"对象类型"中的"墙"按钮,设置墙体的高度和宽度参数,如图2-2-1所示。

（2）在视图窗口中单击左键,确定墙的起点位置,移动鼠标指针到合适的位置单击左键,创建出第一段墙,如图2-2-2所示。

（3）再次移动鼠标指针并单击,创建出第二段墙,如图2-2-3所示。

图2-2-1　墙面板

（4）重复移动鼠标指针并单击，可不断创建出新的墙体；创建完需要的墙体后，在视图窗口中右键单击鼠标，完成墙的创建，如图2-2-4所示。

图2-2-2　创建第一段墙　　　　图2-2-3　创建第二段墙　　　　图2-2-4　创建完整墙体

2.门的创建

3ds Max 2018提供了枢轴门、推位门、折叠门3种形式的门。各种门的创建方法及参数设置都基本相同，下面以枢轴门为例介绍其创建过程。

（1）单击 ╋（创建）→ ◯（几何体）面板中的"门"按钮，单击"对象类型"中的"枢轴门"按钮，如图2-2-5所示。

（2）在视图中按住鼠标左键并拖动，达到合适的宽度时单击鼠标确定枢轴门的宽度。再移动鼠标，到达合适位置后单击鼠标，定义枢轴门的深度。

（3）向上移动鼠标，创建枢轴门的高度，达到合适的高度后单击鼠标，完成枢轴门的创建，如图2-2-6所示。

（4）在修改面板中设置枢轴门的参数。勾选"双门"和"翻转转动方向"复选框，设置"打开"角度为45°，参数如图2-2-7所示，效果如图2-2-8所示。

图2-2-5　门面板

图2-2-6　创建枢轴门

图2-2-7　设置门的参数

图2-2-8　打开的枢轴门

3.窗的创建

窗户是非常有用的建筑模型，3ds Max 2018提供遮篷式窗、平开窗、固定窗、旋开窗、伸出式窗和推拉窗6种形式的窗，如图2-2-9所示，窗的创建方法参照门的创建方法。

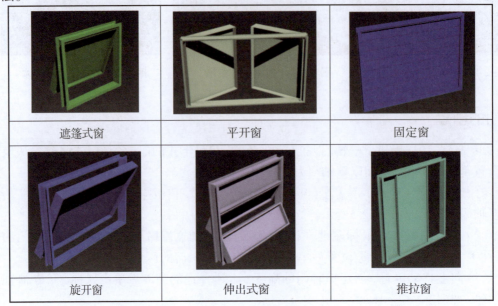

遮篷式窗	平开窗	固定窗
旋开窗	伸出式窗	推拉窗

图2-2-9　6种形式的窗

4.楼梯的创建

（1）单击 ＋（创建）→ ◯（几何体）面板中的"楼梯"按钮，单击"L形楼梯"，在视图中按住鼠标左键并拖动，拖出第一段合适的楼梯长度时松开鼠标左键，如图2-2-10所示。

（2）移动鼠标指针到合适位置单击鼠标，指定第二段楼梯的长度和方向，如图2-2-11所示。

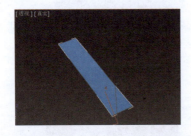
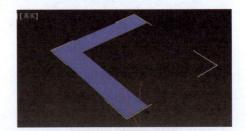

图2-2-10　创建第一段楼梯　　　　　图2-2-11　创建第二段楼梯

（3）向上移动鼠标，确定楼梯高度后单击鼠标，完成L形楼梯的创建，然后修改参数，添加扶手，设置落地模式等，如图2-2-12所示。

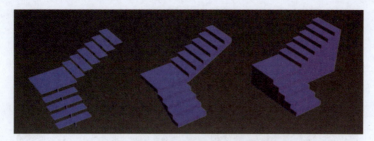

图2-2-12 开放式、封闭式和落地式楼梯

5. 栏杆的创建

（1）单击 ➕（创建）→ 🔵（几何体）面板中的"AEC扩展"按钮，单击"栏杆"按钮，按住鼠标左键并拖动出栏杆的长度，松开鼠标左键确定栏杆长度。

（2）向上移动鼠标确定栏杆高度，达到合适的高度时单击鼠标左键，完成创建，如图2-2-13所示。

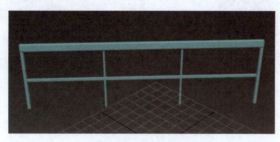

图2-2-13 创建栏杆

【任务步骤】

1.创建墙、窗、门

（1）创建墙体。单击 ➕（创建）→ 🔵（几何体）面板中的"AEC扩展"按钮。在"对象类型"中单击"墙"按钮，在顶视图中创建一段宽度为36，高度为300的闭合墙，顶视图和透视图效果如图2-2-14和图2-2-15所示。

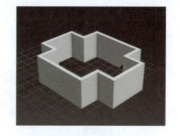

图2-2-14 顶视图效果　　　　　图2-2-15 透视图效果

（2）创建窗。设置捕捉方式为"边/线段"，在顶视图中捕捉一面墙的边，创建一个高和宽均为150，深度为36的固定窗，在左视图调整好窗的位置，如图2-2-16所示。

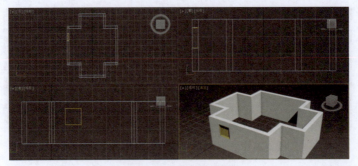

图2-2-16　窗的四视图

（3）复制窗。在顶视图中将窗沿Y轴复制一个，选中两个窗，沿X轴再复制一次，调整好位置，顶视图和透视图的效果如图2-2-17和图2-2-18所示。

图2-2-17　窗的顶视图

图2-2-18　窗的透视图

（4）创建门。在顶视图中捕捉一面墙的边，创建一个高为200，宽为120，深度为36的枢轴门，在前视图调整好门的位置，顶视图和透视图效果如图2-2-19和图2-2-20所示。

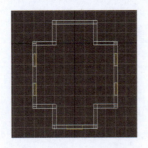

图2-2-19　门的顶视图

图2-2-20　门的透视图

（5）创建山墙。选择墙体，单击"修改"按钮进入修改命令面板，设置"编辑剖面"和"高度"的值分别为350和280，再单击"创建山墙"按钮，分别创建四面墙的山墙，效果如图2-2-21所示。

图2-2-21　创建山墙

2.创建屋顶、烟囱

（1）创建屋顶。在前视图中创建一段斜墙，选择"墙"→"顶点"子物体，配合原山墙的坡度修改顶点位置，如图2-2-22所示。

图2-2-22　创建屋顶

（2）调整屋顶。在顶视图中调整墙的位置如图2-2-23所示，再选择"墙"→"分段"子物体，修改高度值为1 200，如图2-2-24所示。

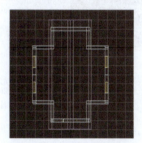

图2-2-23　顶视图屋顶

图2-2-24　调整屋顶

（3）创建其他屋顶。用同样的方法创建窗上面的斜墙，如图2-2-25所示。

（4）创建烟囱。在透视图中创建一个长为80、宽为30、高为260的长方体作为烟囱，调整其位置如图2-2-26所示。

图2-2-25　屋顶最终效果

图2-2-26　烟囱完成效果

3.创建栏杆、植物

（1）绘制栏杆路径。单击 ＋（创建）→ （图形）→"弧"按钮，在顶视图创建一个半径为1 300的圆弧，如图2-2-27所示。

（2）创建栏杆。单击 ＋（创建）→ （几何体）面板中的"AEC扩展"按钮，单击"栏杆"按钮，再单击"拾取栏杆路径"，拾取画好的弧形，设置分段为30，其他参数如图2-2-28所示，效果如图2-2-29所示。

图2-2-27　绘制栏杆路径

图2-2-28　栏杆参数

图2-2-29　栏杆效果

　　（3）创建植物。单击 ✛ （创建）→ ◯ （几何体）面板中的"AEC扩展"按钮，单击"植物"按钮，在"收藏的植物"面板中找到"美州榆"图标，在场景中创建一棵树，在修改面板中设置树的高度为700。用相同的方法创建其他的植物，顶视图和透视图效果如图2-2-30和图2-2-31所示。

图2-2-30　植物的顶视图

图2-2-31　植物的透视图

4.文件保存

　　按Ctrl+S快捷键保存文件，并命名为"精美小屋.max"。

知识链接 ·························

复制建模技巧

　　用复制建模工具能快速制作形态相同的对象。3ds Max中提供了多种复制对象的方法，如克隆、镜像、阵列、间隔复制等，每一种复制方法和产生的效果都不一样。

1.克隆建模

"克隆"命令是对模型进行原地复制,复制的新模型与原模型重合。

操作方法如下:

(1)选中物体,执行"编辑"→"克隆"命令,打开"克隆选项"对话框,如图2-2-32所示。

选项含义如下:

●复制:新复制的模型与原模型无关联。

图2-2-32 "克隆选项"对话框

●实例:新复制的模型与原模型有密切关联。更改任何一个模型的参数,另一个模型的参数也会改变。

●参考:新复制的模型与原模型有关联,但只有更改原模型参数,才能影响复制模型的参数。

(2)按住Shift键,单击 ✛或 ↻或 ▦ 按钮进行对象变换的同时克隆。

2.镜像建模

"镜像"命令能使原对象发生翻转,也能选择不同的方式进行克隆,还可沿多个轴进行偏移镜像。

选中对象,单击主工具栏中 ▮(镜像),打开"镜像"对话框,如图2-2-33所示。选项含义如下:

●镜像轴:设置镜像的轴或者平面。

●偏移:设置镜像对象偏移原对象轴心点的距离。

●克隆当前选择:控制对象是否复制、以何种方式复制。默认是"不克隆",即只翻转对象而不复制对象。

设置镜像轴:Y,克隆当前选择:复制,得到的镜像效果如图2-2-34所示。

图2-2-33 "镜像"对话框

镜像前

镜像后

图2-2-34

3. 阵列建模

"阵列"命令可以快速创建出一个有规律的复杂对象。选中对象,执行"工具"→"阵列"命令,打开"阵列"对话框,如图2-2-35所示。

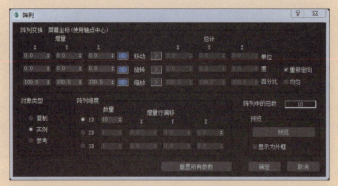

图2-2-35 "阵列"对话框

● 阵列变换：决定原始对象的每一个复制品之间的移动、旋转和缩放量，如图2-2-36所示。

● 阵列维度：决定3个坐标轴的每个轴向上各有多少个阵列对象。线性阵列用"1D"，二维平面上的阵列用"2D"，三维空间的阵列用"3D"，如图2-2-37所示。"数量"指定对象阵列后的个数，"增量行偏移"由X、Y、Z的值确定。

● 预览：在不关闭"阵列"对话框的情况下在视图中预览阵列结果。

移动阵列　　　　　　旋转阵列　　　　　　　　缩放阵列

图2-2-36 阵列变换

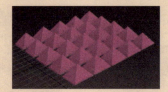
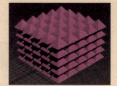

1D阵列　　　　　　　2D阵列　　　　　　　3D阵列

图2-2-37 阵列维度

4. 间隔建模

"间隔工具"命令通过拾取样条线或指定两个端点作为复制对象的路径，设置参数确定复制对象的数量、间隔距离。执行"工具"→"对齐"→"间隔工具"命令，打开"间隔工具"对话框，如图2-2-38所示。

实例操作如下：

（1）在顶视图中画一条心形的黄色样条线和一个半径为3的球体，如图2-2-39所示。

（2）选择球体，执行"间隔工具"命令，单击"拾取路径"按钮，选择心形样条线，设置计数为45，单击"应用"按钮，则生成项链图形，如图2-2-40所示。

  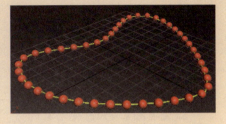

图2-2-38 "间隔工具"对话框　图2-2-39 间隔前顶视图　图2-2-40 间隔工具生成的透视图

拓展练习

利用"阵列工具"（缩放）完成水晶吊灯的制作，如图2-2-41所示。

操作提示：

（1）用圆柱体创建吊灯灯座，再用圆柱体、球体、异面体创建一条吊灯并调整好位置。

（2）在顶视图中将吊灯的坐标轴位置移动到灯座中心点处。改变坐标轴的方法：选择吊灯，单击 ▤ （层次）→ 仅影响轴 按钮，移动坐标轴位置到灯座中心点，改变后再次单击"仅影响轴"按钮，改变坐标轴。

（3）在顶视图选择一条吊灯，打开"阵列"对话框，设置沿Z轴旋转360°复制多条吊灯，就用"阵列工具"创建了一圈吊灯。

（4）复制一条吊灯调整到合适位置，用相同方法制作第二圈吊灯。

图2-2-41 水晶吊灯

一、理论测试

1. 对象的基本操作包括对象的选择、_____、缩放、_____、_____以及隐藏和冻结等操作,如果熟练掌握这些技巧,就能快速完成建模、调整和渲染等工作。

2. 在3ds Max中提供"_____""_____""颜色""_____"等命令完成选择对象操作。

3. 按住_____键,单击需要选择的物体可进行加选,按住_____键,单击不需要选择的物体可实现减选。

4. ✥工具的名称是_____,快捷键是_____;↻工具的名称是_____,快捷键是_____,▦工具的名称是_____,快捷键是_____。

5. 变换对象可以改变对象的_____、_____等,包括移动、_____以及_____等基本操作。

二、操作测试题

1. 利用四棱锥、圆柱体、倒角长方体、倒角圆柱体及茶壶创建凉亭,如图2-2-42所示。

2. 运用建筑构件制作小屋,如图2-2-43所示。

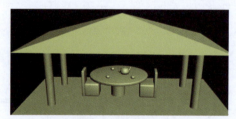

图2-2-42 凉亭

图2-2-43 小屋

模块三　二维建模基础

学习任务一　古典折扇——样条线建模

微 课

【任务概述】

　　如何制作动画片中的道具呢? 在本任务中将介绍利用二维图形来创建"古典折扇"道具的方法，进而让学习者掌握二维图形的创建、样条线的编辑。

【任务目标】

　　通过制作古典折扇的实例，学习二维图形的创建、样条线的编辑方法。

【任务制作思路】

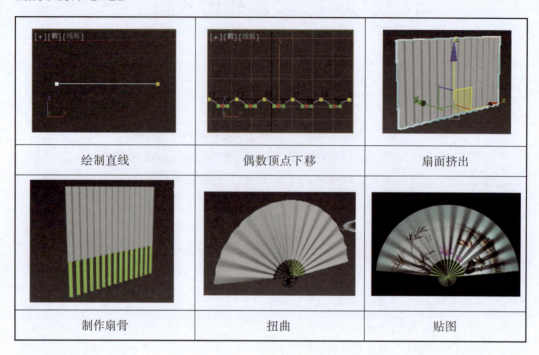

绘制直线	偶数顶点下移	扇面挤出
制作扇骨	扭曲	贴图

【预备知识】

在3ds Max 2018中利用二维图形命令（如图3-1-1所示），可绘制如图3-1-2所示的线、圆、圆弧、圆环等二维图形，这些图形通过挤出、旋转等二维图形转三维命令即可得到三维模型，其操作方法与创建标准几何体和扩展几何体类似。

图3-1-1　二维图形面板

图3-1-2　常见的二维图形

【任务步骤】

1. 绘制扇面

（1）确定线的起点，单击 ✛（创建）→ ◐（图形）→ "线" 按钮，展开 "键盘输入" 参数，设置X: –100, Y: 0, Z: 0, 再单击 添加点 按钮确定起点位置，如图3-1-3所示。

（2）确定线的终点。在"键盘输入"参数栏中，设置X: 100, Y: 0, Z: 0, 单击 添加点 按钮确定终点位置，单击 完成 按钮，则创建长为200的线段，如图3-1-4所示，最后效果如图3-1-5所示。

图3-1-3　线的起点坐标　　　图3-1-4　线的终点坐标　　　　图3-1-5　线的最终效果

（3）显示顶点编号。选中线条，进入"修改"命令面板，选择"线段"子层级，在"选择"卷展栏的"显示"设置项中勾选 ☑显示顶点编号 选项，如图3-1-6所示。

（4）拆分线段。展开"几何体"卷展栏，在"拆分"按钮右侧数值框中输入28，再单击"拆分"按钮，将线段等分拆成29条线段，如图3-1-7所示。

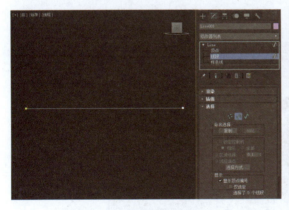
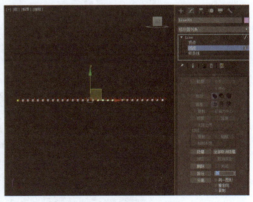

图3-1-6　显示顶点编号　　　　　　　　　图3-1-7　拆分线段

（5）移动偶数顶点。选择line下的"顶点"子层级，在顶视图中框选所有顶点，单击鼠标右键，设置顶点模式为Bezier，将所有顶点转换为Bezier点。再按住Ctrl键选择偶数顶点，利用 ✛ 将所有偶数点向下移动一段距离，如图3-1-8所示。

图3-1-8　移动偶点顶点

（6）调整起点和终点。选中顶视图中顶点1，调整手柄使曲线的弯曲接近斜线，用同样的方法调整顶点30，如图3-1-9和图3-1-10所示。

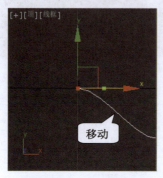

图3-1-9　调整起点

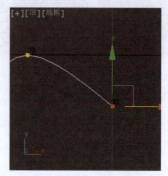

图3-1-10　调整终点

（7）调整其余顶点。在"选择"卷展栏中勾选"锁定控制柄"选项，选中奇数点，沿X轴方向移动手柄，使曲线的弯曲度接近斜线，再选择所有偶数点，按奇数点的方法调整成斜线，如图3-1-11所示。

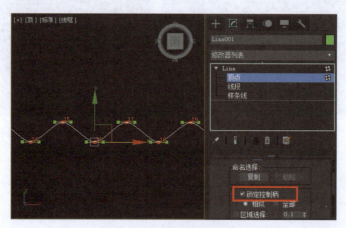

图3-1-11　调整其余顶点

（8）挤出扇面。在"修改器列表"中添加"挤出" 修改命令，设置数量为120，如图3-1-12所示。

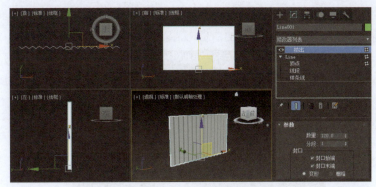

图3-1-12　挤出扇面

2. 创建扇骨

（1）绘制第一个扇骨。在前视图中绘制一个长方体（长：180，宽：6，高：1，宽度分段：4），如图3-1-13所示。

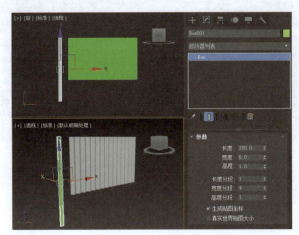

图3-1-13　绘制第一个扇骨

（2）调整扇骨位置。在顶视图中利用 ↻ 旋转长方体，使矩形靠近样条线，在左视图中移动长方体，使其顶端对齐扇面的顶端，在顶视图中复制矩形，使每一格都有一个矩形，如图3-1-14和图3-1-15所示。

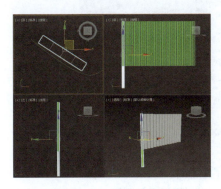

图3-1-14　调整扇骨位置

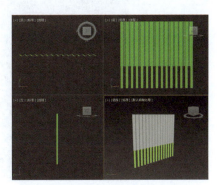

图3-1-15　复制后的扇骨

（3）添加弯曲命令。按Ctrl+A快捷键全选所有的对象，添加"弯曲"修改器，设置弯曲：170，弯曲轴：X，为扇面和扇骨添加弯曲效果，如图3-1-16所示。

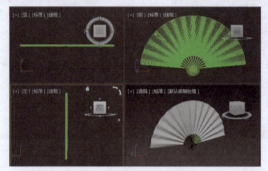

图3-1-16　弯曲四视图

（4）调整弯曲效果。展开"弯曲"修改器，选择"中心"子层级，在前视图中将中心沿Y轴向下移，使扇骨交点的下部分缩小，如图3-1-17所示。

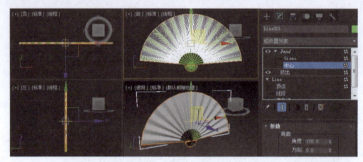

图3-1-17　调整弯曲效果

3. 制作折扇的转轴和添加贴图

（1）制作转轴。在前视图中创建一个切角圆柱体（半径：1.5，高度：6，圆角：0.5），调整位置如图3-1-18所示。

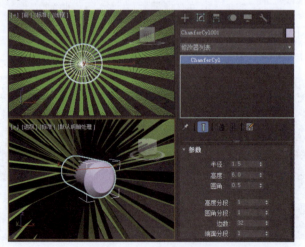

图3-1-18　制作转轴

（2）扇面贴图。选中扇面，按M键打开"材质编辑器"，选择一个材质球，给"贴图"参数栏中的"漫反射颜色"添加"模块三\素材\折扇素材.jpg"贴图素材，再单击  按钮，将材质指定给选定扇面。

（3）适当调整扇骨颜色与扇面颜色相协调，按F9键渲染效果，如图3-1-19所示。

图3-1-19　古典折扇最终效果

（4）保存模型。按Ctrl+S快捷键保存模型，命名为"古典折扇.max"。

知识链接

样条线

线是二维图形建模中最常用的工具，线的参数包括"渲染""插值""创建方法"和"键盘输入"卷展栏。但是除了线之外，直接创建的二维图形不能直接修改，必须转为可编辑的样条线才能进入编辑状态。可编辑的样条线包含"顶点""线段"和"样条线"3个部分，下面介绍这3个方面的操作。

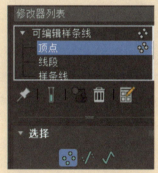

图3-1-20　顶点编辑状态

1. 顶点

（1）单击"顶点"或 按钮，进入顶点编辑状态，如图3-1-20所示。

（2）断开顶点，单击"几何体"卷展栏中的"断开"按钮即可将该点打断，如图3-1-21所示，再使用 工具移开点的位置，可看到打断后的点分成了两个点，如图3-1-22所示。

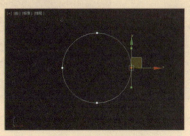

图3-1-21　断开顶点

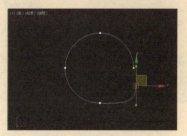

图3-1-22　移开断点

（3）添加顶点，单击"几何体"卷展栏中的"优化"按钮，单击样条线，此时曲线被加入了一个新的顶点，如图3-1-23所示。

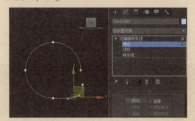

图3-1-23　添加顶点

（4）顶点类型。二维图形的顶点有"角点""平滑""Bezier"和"Bezier角点"4种类型。

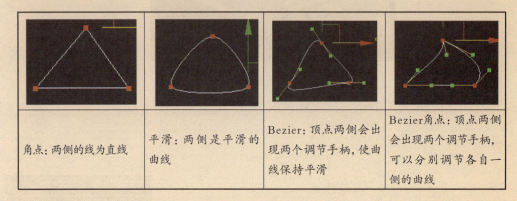

角点：两侧的线为直线	平滑：两侧是平滑的曲线	Bezier：顶点两侧会出现两个调节手柄，使曲线保持平滑	Bezier角点：顶点两侧会出现两个调节手柄，可以分别调节各自一侧的曲线

2. 线段

线段是样条线的一部分，位于两个顶点之间。当进入"可编辑样条线（线段）"层级时，可选择一条或多条线段，使用变换方法进行移动、旋转和缩放操作，还可完成插入、拆分和分离线段等操作。

（1）在前视图中画一个正六边形，并将之转换为可编辑样条线，如图3-1-24所示。

（2）单击"编辑样条线"下的"线段"或 按钮，进入线段编辑状态，如图3-1-25所示。

（3）拆分线段。展开"几何体"卷展栏，在"拆分"按钮右侧数值框中输入"2"。再单击"拆分"按钮，此时这条线段被等分成3条线段，如图3-1-26所示。

图3-1-24　可编辑样条线　　　图3-1-25　拆分线段　　　图3-1-26　拆分效果

（4）分离线段。选中一条线，单击"分离"按钮，给分离出去的样条线命名，如图

3-1-27所示，单击"确定"按钮，此时被选择的线段会被分离成独立的样条线，如图3-1-28所示。被分离出的线段可删除，如图3-1-29所示。

图3-1-27 "分离"对话框　　　图3-1-28 分离线段　　　图3-1-29 删除分离线段

3.样条线

样条线用得最多的是"附加""布尔""修剪"及"轮廓"等命令。

（1）单击"编辑样条线"下的"样条线"或 ![btn] 按钮，进入样条线编辑状态。

（2）附加样条线。单击"几何体"卷展栏中的"附加/附加多个"按钮，再选择样条线，即可将其他样条线与本样条线连接成一个整体。

（3）布尔命令。单击"几何体"卷展栏中的 ![布尔] （布尔）按钮，可实现几个样条线之间的并、差、交运算，如图3-1-30和图3-1-31所示。

（4）添加"轮廓"，单击"几何体"卷展栏中的"轮廓"按钮，然后拖动鼠标到视图中的适当位置松开，此时视图中的样条线即加了一个轮廓，如图3-1-32所示

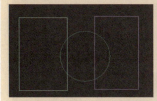

图3-1-30 布尔前　　　图3-1-31 布尔后　　　图3-1-32 添加"轮廓"

拓展练习 · · · · · · · · · · · · · ·

利用二维图形创建下面的心形茶几模型，如图3-1-33所示。

操作提示：

（1）创建二维心形图形。

（2）给二维心形图形添加挤出命令，制作桌面。

（3）创建圆柱体制作茶几底部。

图3-1-33 心形茶几模型

学习任务二　悬空立体字——倒角剖面建模

【任务概述】

　　三维文字已越来越成为三维动画片中的重要元素，诸如影片的片名、标志等都用到三维文字。在本任务中将介绍3ds Max 2018文本工具的使用及三维文字的编辑技巧。

【任务目标】

　　通过制作"爱国 敬业 诚信 友善"悬空立体字实例，学习文本工具的运用及二维转三维建模的挤出、倒角剖面等命令的使用技巧。

【任务制作思路】

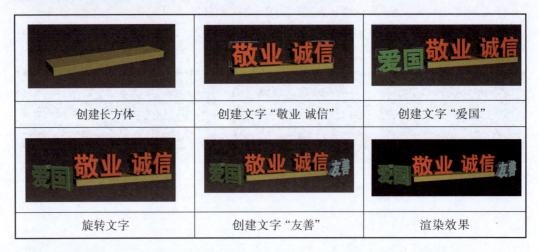

创建长方体	创建文字"敬业 诚信"	创建文字"爱国"
旋转文字	创建文字"友善"	渲染效果

【预备知识】

　　利用3ds Max 2018的文本工具可以创建任意内容、大小和间距的二维文本。但创建的文本只是图形，文本的各部分都是单独的样条线。文本工具操作步骤如下：

　　（1）单击 ＋ （创建）→ 🔵 （图形）→ 文本 按钮，如图3-2-1所示，在前视图中单击，则创建了"MAX 文本"字样，如图3-2-2所示。

图3-2-1　文本命令

图3-2-2　创建文本

（2）在参数卷展栏中将"MAX 文本"改为"三维动画"并更改字体、大小，如图3-2-3所示。

图3-2-3　创建任意文本

【任务步骤】

1.制作长方体辅助对象

在前视图中创建一个长：20，宽：365，高：80的长方体。

2.创建"敬业 诚信"立体字模型

（1）创建文本。在前视图中创建红色文本"敬业 诚信"，字体为方正大黑简体，字号为100，如图3-2-4所示。

图3-2-4　创建文本"敬业 诚信"

（2）挤出文本。选中"敬业 诚信"文本，添加"挤出"命令，设置数量为40，调整文字与长方体的位置，如图3-2-5所示。

图3-2-5　挤出文本

3.创建倒角剖面文字 "爱国" 及 "友善" 模型

（1）创建文本。在前视图创建 "爱国" 文本，字体为方正超粗黑简体，字号为90，如图3-2-6所示。

图3-2-6　创建文本"爱国"

（2）制作圆角矩形。在顶视图画一圆角矩形，长度：22，宽度：4.0，角半径：1.8，如图3-2-7所示。

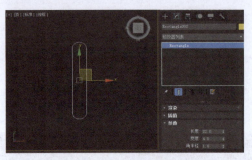

图3-2-7　圆角矩形

（3）制作倒角剖面图形。选择圆角矩形，添加 "编辑样条线" 命令，单击 "线段" 按钮，进入线段编辑状态，如图3-2-8所示，选中左边的线段并删除，分段前后及修改器状态，如图3-2-9和图3-2-10所示。

图3-2-8　分段编辑状态　　　**图3-2-9　分段前**　　　**图3-2-10　分段后**

（4）生成倒角剖面文字。选择前视图中的 "爱国" 文本，添加 "倒角剖面" 命令，将参数设为经典，单击 拾取剖面 按钮，在顶视图中单击画好的剖面图形Rectangle001，生成 "爱国" 立体文字，如图3-2-11所示。

（5）调整 "爱国" 位置。单击 ✛ 按钮，在透视图中沿Z轴旋转 "爱国" 文字，旋转前后的文字效果如图3-2-12和图3-2-13所示。

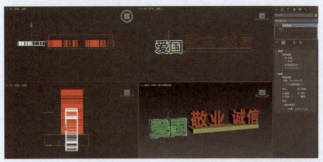

图3-2-11　生成倒角剖面文字

图3-2-12　旋转前

图3-2-13　旋转后

（6）创建"友善"文本。在前视图中创建一个字体为方正大黑简体，字号为90的"友善"文本。

（7）创建倒角剖面文字"友善"。 选中"友善"文本，添加"倒角剖面"修改器，单击 拾取剖面 按钮，在顶视图中单击剖面图形Rectangle001，生成"友善"倒角剖面文字，调整位置和角度，透视图如图3-2-14所示。

图3-2-14　倒角剖面文字"友善"

（8）渲染与保存。按Shift+Q快捷键渲染，效果如图3-2-15所示，按Ctrl+S快捷键保存文件为"3D文字.max"。

图3-2-15　最终渲染效果

扩展样条线

扩展样条线是对原始样条线的增强，创建方法与基本样条线相类似。单击 ➕ （创建）→ 🔲（图形）→扩展样条线，打开扩展样条线面板，如图3-2-16所示。

● "墙矩形"样条线：通过两个同心矩形创建封闭的形状，每个矩形都由4个顶点组成，与"圆环"工具相似，只是使用矩形而不是圆，如图3-2-17所示。

图3-2-16 "扩展样条线"面板　　　　　　　图3-2-17 "墙矩形"样条线

● "通道"样条线：创建一个闭合的形状为"C"的样条线，如图3-2-18所示。

● "角度"样条线：创建一个闭合的形状为"L"的样条线，可选择指定该部分的垂直腿和水平腿之间的角半径，如图3-2-19所示。

图3-2-18 "通道"样条线　　　　　　　图3-2-19 "角度"样条线

● "T形"样条线：使用三通样条线创建一个闭合的形状为"T"的样条线，如图3-2-20所示。

● "宽法兰"样条线：创建一个闭合的形状为"I"的样条线。可指定其垂直网和水平凸缘之间的内部角，如图3-2-21所示

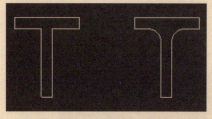

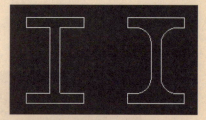

图3-2-20 "T形"样条线　　　　　　　图3-2-21 "宽法兰"样条线

拓展练习············

利用倒角剖面命令创建如图3-2-22所示的浴缸模型。

操作提示：

（1）在顶视图创建一个矩形，设置矩形的角半径，矩形变为圆角矩形。

（2）在前视图创建一个浴缸剖面图形。

（3）选择圆角矩形，执行倒角剖面命令，拾取浴缸剖面图形。

图3-2-22　浴缸

学习任务三　高脚杯——车削建模

微课

【任务概述】

造型独特、图案美观、使用舒适的杯子不仅是生活中的常用品，更是在三维情景动画中增加神秘色彩的助推器，由于杯子的透明性，在后期处理中，实物拍摄的杯子不如计算机制作的杯子方便处理。在本任务中将介绍3ds Max 2018中运用车削命令制作高脚杯的方法。

【任务目标】

通过制作高脚杯实例，学习二维样条线的编辑及车削命令的使用技巧。

【任务制作思路】

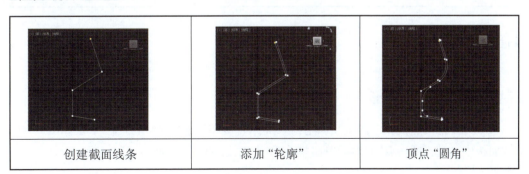

| 创建截面线条 | 添加"轮廓" | 顶点"圆角" |

| 添加车削命令 | 修改车削参数 | 渲染效果 |

【预备知识】

可编辑样条线技巧

"可编辑样条线"提供了将对象作为样条线,并可从"顶点""线段""样条线"3个层级进行操作控制,单击选中的层级时,该层级命令按钮以白色显示,表示可用,其余的命令按钮则显示为灰色,表示处于不可编辑状态。

基本操作步骤如下:

(1)在前视图中创建或选择一条样条线。

(2)在 ☑(修改)面板中选择"编辑样条线"修改命令,然后单击"选择"卷展栏,选择需修改的层级,如单击"顶点"按钮,则进入顶点编辑状态。

(3)在顶点编辑状态中可设置"圆角"和"切角"参数,达到不同效果。

• "圆角"按钮:对直的折角点进行圆角处理,使其变为曲线。

• "切角"按钮:对直的折角点进行加线处理,使其产生新的角点。

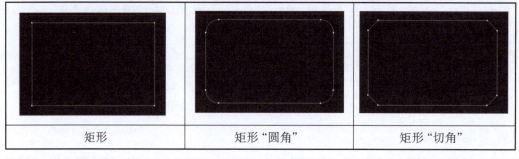

| 矩形 | 矩形"圆角" | 矩形"切角" |

【任务步骤】

1.制作高脚杯截面图形

(1)设置栅格点捕捉。在主工具栏中,鼠标右键单击 ⌗(栅格开关),在如图3-3-1所示的面板中勾选"栅格点",然后单击捕捉开关或按S键,打开捕捉。

（2）创建截面线条。单击 ╋（创建）→ ▣（图形）→"线"按钮，在前视图中创建如图3-3-2所示的线条，然后单击捕捉开关或按S键，关闭捕捉。

图3-3-1　捕捉设置

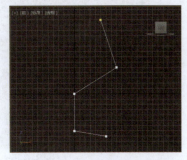

图3-3-2　创建截面线条

（3）添加"轮廓"。单击"修改"→选择线的样条线层级，单击"几何体"卷展栏中的"轮廓"按钮，然后拖动鼠标到视图中的适当位置松开，此时视图中的样条线即加了一个轮廓，如图3-3-3所示。

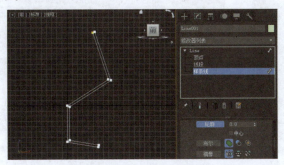

图3-3-3　添加"轮廓"

（4）制作顶点"圆角"。选择线的顶点层级，单击"几何体"卷展栏中的"圆角"按钮，分别选中要进行圆角的顶点，然后拖动鼠标到视图中的适当位置松开，此时的顶点变成了圆角，如图3-3-4所示。然后对顶点进行微调，截面图形制作完成。

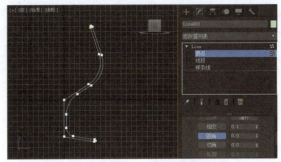

图3-3-4　顶点"圆角"

2.制作高脚杯模型

（1）添加车削命令。选择截面图形，在"修改器列表"下拉菜单中选择"车削"命令，如图3-3-5所示。

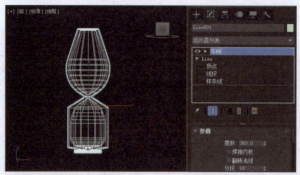

图3-3-5　添加车削命令

（2）设置车削参数。对齐设为"最小"，勾选"焊接内核"选项，分段数改为32，参数
设置如图3-3-6所示，效果如图3-3-7所示。

图3-3-6　车削参数

图3-3-7　修改车削参数后的效果

3.渲染与保存

（1）执行"渲染"→"环境"菜单命令，打开"环境和效果"对话框，设置背景颜色为
灰色，按Shift+Q快捷键渲染，效果如图3-3-8所示。

（2）按Ctrl+S快捷键保存文件为"高脚杯.max"。

图3-3-8　最终渲染效果

车削修改器

车削通过绕轴旋转一个图形或 NURBS 曲线来创建 3D 对象。基本操作步骤是：首先选择一个图形，然后执行"修改"面板→"修改器列表"→"车削"命令，最后设置车削的"轴"属性，在视图中移动旋转轴的位置来改变车削生成对象的形状，以及设置车削参数控制旋转特性，参数面板如图3-3-9所示。

• 度数：确定对象绕轴旋转多少度（0~360°）。

• 焊接内核：通过将旋转轴中的顶点焊接来简化网格，如果要创建一个变形目标，禁用此选项。

• 翻转法线：依赖图形上顶点的方向和旋转方向，旋转对象可能会内部外翻，此时勾选"翻转法线"选项，可修复这个问题。

• 分段：在起止点之间，确定在曲面上创建多少插补线段。此参数也可设置动画，默认值为16。

• 封口选项组：当车削对象的"度"小于360°，控制是否在车削对象内部创建封口。

• 方向选项组：相对对象轴点，设置轴的旋转方向。

• 对齐选项组：将旋转轴与图形的最小、中心或最大范围对齐，以精确生成不同的旋转体。

• 输出选项组：决定最后得到的旋转体的表面形式，有"面片""网格""NURBS"等。

图3-3-9 "车削"参数面板

图3-3-10 瓷碗

利用车削命令创建如图3-3-10所示的瓷碗模型。
操作提示：
（1）在前视图创建瓷碗截面图形。
（2）对图形进行样条线轮廓、顶点圆角等操作。
（3）添加车削命令，并修改车削参数。
（4）添加瓷碗贴图，并添加UVW贴图修改器。

一、理论测试

1.可编辑样条线中包含3个子对象层级进行操纵的控件,分别是_____、_____和_____3部分。

2.单击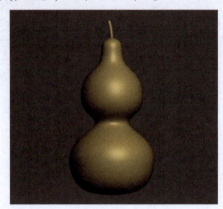按钮,可进入_____编辑状态,单击按钮,进入_____编辑状态。

3.断开顶点是利用样条线中_____卷展栏中的_____按钮实现的。

4.二维图形的顶点有_____、平滑、_____和_____4种类型。

5.要将一条或多条样条线加入当前样条线时,需单击"几何体"卷展栏中的_____或_____按钮来实现。

二、操作测试题

利用车削命令创建葫芦模型,如图3-3-11所示。

图3-3-11 葫芦

模块四　复合建模基础

模块综述

复合对象建模是一种特殊高效的建模方法，它包括变形、散布、一致、连接、水滴网格、图形合并、布尔、地形、放样、网格化、ProBoolean（超级布尔）和 ProCuttler等命令，灵活使用这些命令可制作一些复杂的模型。本模块重点介绍"散布""放样"和"布尔"等建模方法。

学习完本模块后，你将能够：

- 利用散布创建随机分布的棋子和垂柳模型；
- 利用放样创建香蕉、牵牛花模型；
- 利用超级布尔创建蓝色垃圾桶模型。

学习任务一　公园棋盘——散布建模

微课

【任务概述】

在碧绿如茵的草地上，分布着随意散落的棋子和随机生长的垂柳，这是三维动画片中的一个场景，置身其中，让人陶醉！它是如何制作的呢？本任务将学习散布建模。

【任务目标】

通过制作公园棋盘实例，掌握散布建模的技法，进而利用散布建模制作草地、头发、长满羽毛的鸟等模型。

【任务制作思路】

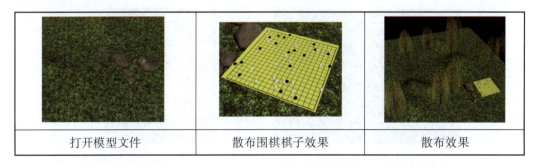

| 打开模型文件 | 散布围棋棋子效果 | 散布效果 |

【预备知识】

散布建模

散布建模是将所选源对象分布为阵列，或分布到另一对象的表面,操作方法如下:

（1）在场景中建立一个平面和一个小球,如图4-1-1所示。

（2）选中小球,单击 ➕ （创建）→ ⚪ （几何体）面板中的"复合对象"按钮,打开复合对象面板,在此面板中单击"散布"按钮,如图4-1-2所示。

（3）在"拾取分布对象"卷展栏中单击"拾取分布对象"按钮,在场景中拾取平面,则小球就分散在平面上,如图4-1-3所示。

  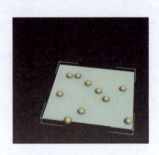

图4-1-1　创建平面小球　　　图4-1-2　单击"散布"命令　　　图4-1-3　散布结果

【任务步骤】

1.布置场景

打开"模块四\源文件\散布建模.max"文件,场景是碧绿的草地上散落着几块石头,如图4-1-4所示。

2.制作散落棋盘的棋子

（1）制作单枚棋子。执行"文件→导入→合并"菜单命令,将"模块四\素材\围棋.max"文件导入,在"合并"对话框中选择全部对象,单击"确定"按钮,将围棋盘和黑白棋子导入场景中,调整围棋盘和棋子到合适位置,参考效果如图4-1-5所示。

图4-1-4　素材文件　　　　　图4-1-5　棋盘和棋子初始状态

（2）制作黑色棋子散布效果。选择黑色棋子模型，单击 ✚（创建）→ ⬤（几何体）面板中的"复合对象"按钮，打开复合对象面板，单击"散布"按钮，单击"拾取分布对象"卷展栏中的"拾取分布对象"按钮，在场景中拾取围棋盘，如图4-1-7所示。

（3）隐藏重复棋盘。在"显示"卷展栏中勾选"隐藏分布对象"选项，如图4-1-7所示，将分布对象隐藏，只显示散布对象，效果如图4-1-8所示。

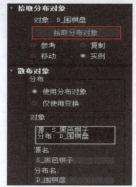

图4-1-6　拾取分布对象

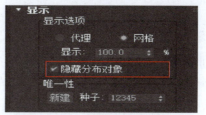

图4-1-7　隐藏重复围棋盘

（4）调整散布参数。设置"散布对象"卷展栏中的"源对象参数"的"重复数"数值（数值不宜过大），更改"分布对象参数"为随机面或者沿边，在顶视图观察棋子散布效果，如图4-1-8所示。

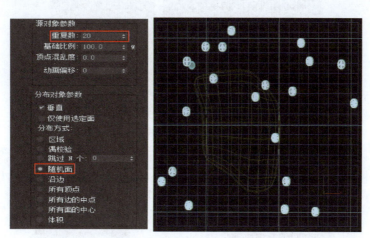

图4-1-8　调整黑色棋子重复数和分布对象参数

（5）渲染黑色棋子散布效果。按F9键渲染，黑色棋子散布效果如图4-1-9所示。

（6）制作白色棋子散布效果。选中白色棋子，重复上述（2）~（4）步，可修改"显示"卷展栏下"唯一性"的种子数值，完成白色棋子散布操作。围棋棋子散布渲染效果如图4-1-10所示（其中白色棋子散布的种子值为12369）。

图4-1-9　黑色棋子散布渲染效果　　　　图4-1-10　围棋棋子散布渲染效果

3.制作垂柳效果

（1）创建垂柳。单击 ➕（创建）→ ⬤（几何体）面板中的"AEC扩展"按钮，单击"对象类型"中的"植物"按钮，选取"收藏的植物"卷展栏中的垂柳模型，在顶视图中创建一棵垂柳，并修改高度参数为100 mm，调整垂柳分布到适当位置，如图4-1-11所示。

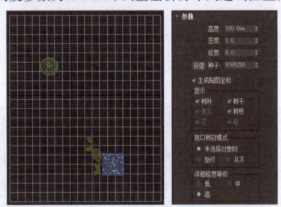

图4-1-11　垂柳顶视图效果和参数设置

（2）选中垂柳，单击 ➕（创建）→ ⬤（几何体）面板中的"复合对象"按钮，打开复合对象面板，单击"散布"按钮，单击"拾取分布对象"卷展栏中的"拾取分布对象"按钮，在场景中拾取草地，如图4-1-12所示。

图4-1-12　垂柳散布对象选取　　　　图4-1-13　垂柳散布参数设置

（3）调整散布参数。设置"源对象参数"中的"重复数"为12，去掉"分布对象参数"中"垂直"的勾选；设置"分布方式"参数为沿边，如图4-1-13所示。

（4）渲染与保存。按F9键渲染，散布效果如图4-1-14所示，按Ctrl+S快捷键保存文件。

图4-1-14　散布渲染效果

知识链接 ·············

设置散布参数

散布操作比较简单，参数有五大类，如图4-1-15所示。

重要参数提示：

①在散布对象中选择"仅使用变换"选项时，则"变换"卷展栏的参数设置影响散布对象的分布。

②重复数：设置散布对象附着在分布对象表面的复制数。

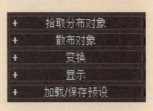

图4-1-15　散布参数

③基础比例：设置散布对象尺寸的缩放比例。

④顶点混乱度：设置散布对象顶点的混乱程度。当值不为0时，会随机移动各顶点的位置，使造型扭曲、不规则。

⑤动画偏移：如果散布对象带有动画设置，该参数可设置每个散布对象开始运动所间隔的帧数。

⑥使用"变换"卷展栏中的设置，可以对每个重复对象应用随机变换偏移。

⑦分布对象参数：用于设置源对象重复项相对于分布对象的排列方式。仅当使用分布对象时，这些选项才有效。

⑧显示选项：影响散布对象显示的选项。

⑨加载/保存预设：存储当前值，以便在其他散布对象中调用。

利用散布复合建模技术创建如图4-1-16所示的草地模型。

操作提示：

（1）使用圆锥体绘制3根形态颜色各异的小草模型。

（2）使用平面创建地面模型。

（3）分别选择小草模型，进行3次散布建模。

图4-1-16　草地

微课

学习任务二　香甜香蕉——放样建模

【任务概述】

放样建模起源于古代的造船技术，以龙骨为路径，在不同的截面处放入木板，从而产生船体模型。放样建模的原理是将二维封闭截面图形，放到三维的空间路径上，使之沿着这条路径伸展，计算出这个物体的形状，从而生成复杂的三维对象。本任务将学习利用放样建模方法来创建香蕉模型。

【任务目标】

通过制作香甜香蕉实例，学习3ds Max中的放样建模技术。

【任务制作思路】

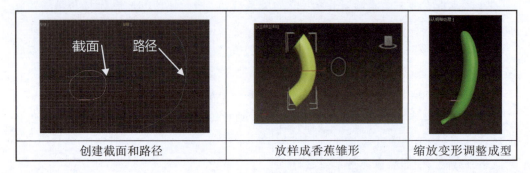

| 创建截面和路径 | 放样成香蕉雏形 | 缩放变形调整成型 |

【预备知识】

放样的原理是将一个或多个二维图形沿着某条路径进行运动，形成三维对象，操作方法如下：

（1）在顶视图中画一条曲线和一条直线，如图4-2-1所示。

（2）选中曲线，单击➕（创建）→⬤（几何体）面板中的"复合对象"按钮，在复合对象面板中单击"放样"按钮，如图4-2-2所示。

（3）在"创建方法"卷展栏中单击"获取路径"按钮，在场景中单击直线，则曲线就沿直线方向放样成窗口效果，如图4-2-3所示。

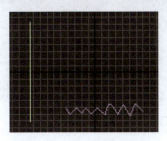
图4-2-1　画曲线和直线

图4-2-2　执行放样命令

图4-2-3　放样结果

【任务步骤】

1.制作香蕉的截面图形和路径

分别在顶视图和前视图中绘制出如图4-2-4所示的两条样条线，并分别命名为"截面"和"路径"，作为放样的截面图形和路径。

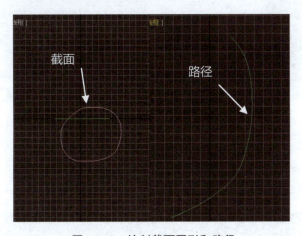
图4-2-4　绘制截面图形和路径

2.创建香蕉雏形

拾取"路径"图形，在复合对象面板中单击"放样"按钮，再单击"创建方法"卷展栏下的"获取图形"按钮，在视图中拾取"截面"图形，如图4-2-5所示，放样后得到的模型如图4-2-6所示。

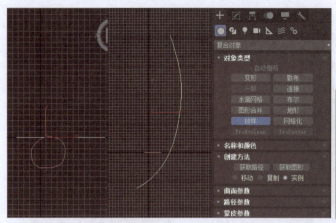

图4-2-5　单击"放样"命令

图4-2-6　香蕉雏形

3.调整香蕉轮廓

（1）打开缩放面板。选择香蕉模型，进入"修改"面板，展开"变形"面板，单击"变形"卷展栏中的"缩放"按钮，如图4-2-7所示，"缩放变形"窗口如图4-2-8所示。

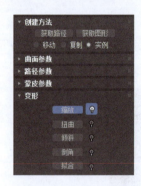

图4-2-7　"缩放"按钮　　　　　　　　　　图4-2-8　"缩放变形"窗口

（2）添加控制点。确保窗口工具栏中的"均衡"按钮 处于按下状态（对一条曲线所做的修改将同时影响X轴和Y轴方向的曲线形状），按下"插入角点"按钮 ，在线上加入几个控制点，如图4-2-9所示。

图4-2-9　添加控制点

（3）调整控制点。框选所有控制点，右击，在弹出的快捷菜单中选择"Bezier角点"选项，将每个控制点转换为Bezier角点。再调节控制点位置，如图4-2-10所示。

（4）保存与渲染

创建完毕，按Ctrl+S快捷键保存模型，按F9键渲染，透视图效果如图4-2-11所示。

图4-2-10　调整控制点

图4-2-11　香蕉渲染效果

知识链接

设置放样参数

本任务实例主要应用"放样"技术，灵活使用"放样"参数，可做出复杂的模型，下面介绍放样中几个重要的参数。

1. 参数种类

- 创建方法：创建放样对象以及放样对象的操作类型。
- 曲面参数：控制放样曲面的平滑以及指定是否沿着放样对象应用纹理贴图。
- 路径参数：控制沿着放样对象路径在各个间隔期间的图形位置。
- 蒙皮参数：调整放样对象网格的复杂性和控制面数来优化网格。
- 变形：用于沿着路径缩放、扭曲、倾斜、倒角或拟合形状。

2. 变形面板

放样参数面板主要有创建方法、路径参数、曲面参数、蒙皮参数和变形等5个，其中常用的是变形面板，以实现不需要改变横截面的形状就能达到变形的目的，主要含义如下：

- 缩放：沿着路径移动时改变截面的大小。
- 扭曲：沿着对象的长度创建盘旋或扭曲的对象，扭曲将沿着路径指定旋转量。

- 倾斜：围绕局部X轴和Y轴旋转图形。
- 倒角：制作出具有倒角效果的对象。
- 拟合：用两条曲线来定义对象的顶部和侧剖面（以路径的方向作为正视图，向上的方向为X轴拟合的方向，向右的方向为Y轴拟合的方向）。

拓展练习

创建粉色牵牛花模型，如图4-2-12所示。

提示：六角星形样条线→可编辑样条线→样条线轮廓→沿直线放样→缩放→漫反射渐变颜色贴图。

图4-2-12　粉色牵牛花

微课

学习任务三　蓝色垃圾桶——三维布尔建模

【任务概述】

"蓝色垃圾桶，可回收垃圾的家……"这是垃圾分类常识。布尔建模是对两个或多个相交的物体进行并集、交集、差集和切割等方式的运算来建模，在3ds Max中包括了"布尔"和"超级布尔"命令，灵活运用布尔建模技法，可创建形状独特的模型。本任务将学习使用"超级布尔"命令创建带"可回收物"Logo的蓝色垃圾桶模型。

【任务目标】

通过制作蓝色垃圾桶实例，掌握布尔建模的原理和操作方法。

【任务制作思路】

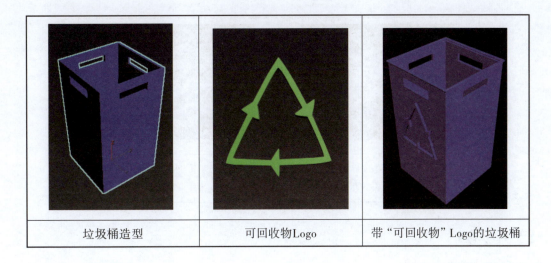

| 垃圾桶造型 | 可回收物Logo | 带"可回收物"Logo的垃圾桶 |

【预备知识】

布尔建模

布尔建模至少需要两个对象：A对象和B对象，操作方法如下：

（1）在场景中创建一个长方体和一个球体，长方体为A对象，球体为B对象。

（2）选中长方体，单击 ✚ （创建）→ ◯ （几何体）面板中的"复合对象"按钮，单击"布尔"按钮，如图4-3-1所示。

（3）在"拾取布尔对象"卷展栏中单击 开始拾取 按钮，再单击B对象球体。

（4）在"操作"栏中有5个选项，如图4-3-2所示，不同的选项有不同的结果，如下所示。

图4-3-1　执行布尔命令

图4-3-2　操作方式

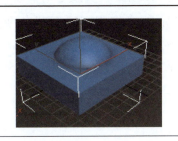

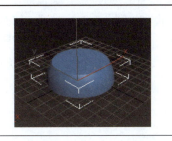

| 并集：重叠部分相互结合 | 交集：保留相交的部分，生成新模型 |

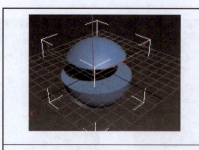	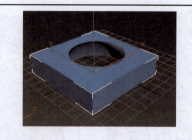
差集（B−A）：相交的对象进行相减运算，得到余下的部分	差集（A−B）：相交的对象进行相减运算，得到余下的部分

【任务步骤】

1.创建垃圾桶造型

（1）在顶视图中创建一长度为180 mm，宽度为180 mm，高度为320 mm的蓝色长方体，命名为"垃圾桶"，如图4-3-3所示。

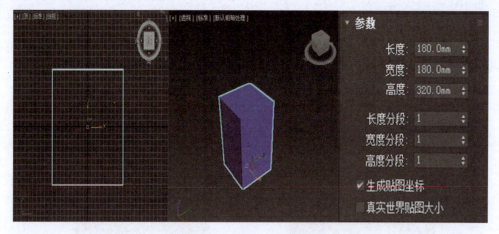

图4-3-3　创建垃圾桶雏形

（2）将模型转换成可编辑多边形。选中"垃圾桶"，单击鼠标右键，在弹出的快捷菜单中选择"转换为/转换为可编辑多边形"命令，将其转换为可编辑多边形。

（3）模型倒角。在修改器堆栈中展开"可编辑多边形"卷展栏，激活"多边形"子对象，首先在透视图中选择模型最上面的多边形，然后单击"编辑多边形"卷展栏中 倒角 右侧的按钮，设置"倒角"面板参数，如图4-3-4所示。单击"倒角"面板中的⊕按钮后，再设置参数，如图4-3-5所示，最后单击☑按钮完成设置。

（4）挖孔。在顶视图中创建一个长方体，设置参数为80 mm×240 mm×20 mm，并调整该长方体在顶视图和前视图中的位置，如图4-3-6所示。

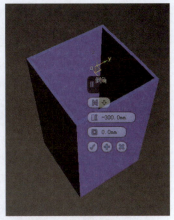

图4-3-4 模型倒角　　　　　　　　　图4-3-5 修改"倒角"参数

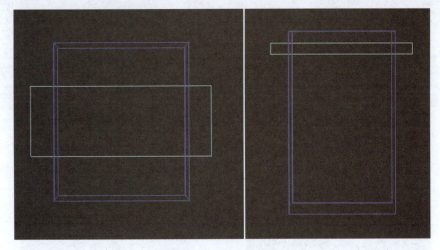

图4-3-6 创建长方体

在顶视图中选择该长方体，旋转复制（使用角度捕捉更快捷），调整两个长方体的位置，顶视图和透视图如图4-3-7所示。

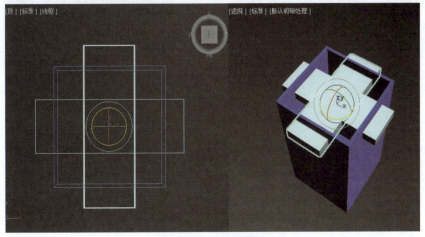

图4-3-7 视图效果

选中"垃圾桶",单击 ➕（创建）→ ⚪（几何体）面板中的"复合对象"按钮,在命令面板中单击 `ProBoolean`（超级布尔,即功能更强大的布尔运算命令）按钮,在"参数"卷展栏下设置"运算"为差集;在"拾取布尔对象"卷展栏中单击 `开始拾取` 按钮,如图4-3-8所示,依次拾取视图中的两长方体,完成布尔运算操作后的造型,如图4-3-9所示。

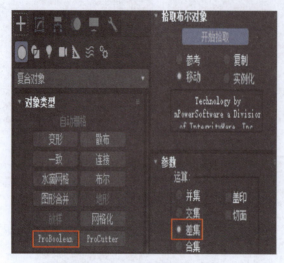

图4-3-8　布尔运算参数设置

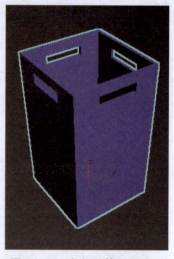

图4-3-9　布尔运算后的造型

（5）美化垃圾桶口。在顶视图中单击 ➕（创建）→ ⚪（图形）面板中的"矩形"按钮,绘制一个180 mm×180 mm的矩形,并在前视图中调整位置（思考如何对齐）,如图4-3-10所示,设置"渲染"卷展栏下"径向"参数的厚度为6 mm,如图4-3-11所示。

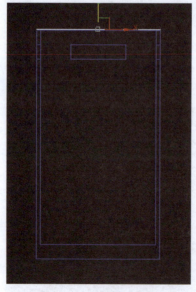

图4-3-10　绘制矩形图

图4-3-11　设置渲染参数

2.制作"可回收物"Logo

（1）绘制"可回收物"图形。冻结视图中所有模型，在前视图中使用"线"命令绘制一个等边三角形图形，并将其转换为可编辑样条线，单击"样条线"→"轮廓"按钮，拖动鼠标到适当位置松开，为其添加一个轮廓；单击"顶点"→"优化"按钮，在适当位置单击添加多个顶点，然后修改顶点类型为Bezier(贝塞尔)，最大化视口（Alt+W快捷键），编辑调形三角形为"可回收物"Logo图形，如图4-3-12所示。最后在前视图中参照图4-3-13调整Logo到适当位置。

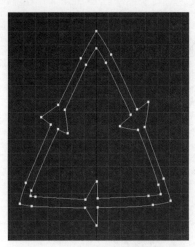

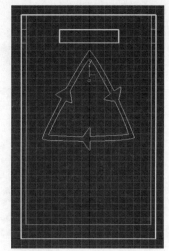

图4-3-12　绘制"可回收物"图形　　　　图4-3-13　调整图形的位置

（2）给"可回收物"Logo添加"挤出"修改器。设置"数量"参数为12 mm，在左视图中调整位置，如图4-3-15所示。

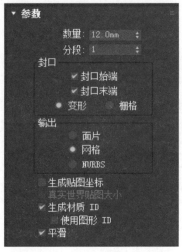

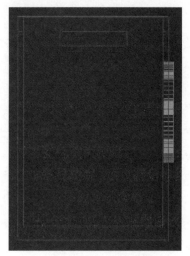

图4-3-14　添加"挤出"修改器　　　　图4-3-15　调整位置

3.创建带"可回收物"Logo的垃圾桶

选择垃圾桶模型,再次单击 `ProBoolean` 按钮,布尔运算方式为并集,接着在"拾取布尔对象"卷展栏中单击 `开始拾取` 按钮,拾取"可回收物"Logo模型,完成垃圾桶建模。

4.渲染与保存

选中垃圾桶模型,再次将其转换为可编辑多边形,然后按F9键渲染,效果如图4-3-16所示,按Ctrl+S快捷键保存文件。

思考:如果要在模型上添加"可回收物"文本,该如何操作?

图4-3-16　渲染效果

知识链接·······

图形合并

图形合并复合建模能创建包含网格对象和一个或多个图形的复合对象。这些图形嵌入在网格中(将更改边与面的模式),或从网格中消失。利用此方法可以实现在蛋糕上写字等效果,操作步骤如下:

(1)创建一个球体,拉伸,再创建"自强不息"文本,如图4-3-17所示。

(2)选择"豆",单击"复合建模"面板中的 `图形合并` 按钮。单击"拾取操作"栏中的 `拾取图形` 按钮,再选取文本"自强不息",可见文本与球体合并成一个整体,如图4-3-18所示。

(3)删除单独的文本。选中合并后的球体,为球体模型添加"面挤出"(数量:2,比例:100)和网格平滑命令,如图4-3-19所示。

| 图4-3-17 添加文本 | 图4-3-18 球体与文字合为一体 | 图4-3-19 面挤出 |

拓展练习.............

1.利用布尔操作制作骰子模型,如图4-3-20所示。

提示:本实例的关键点是在长方体的6个表面正确恰当地放置小球,最后使用超级布尔(差集)命令。

2.利用布尔运算和图形合并操作制作烟灰缸模型,如图4-3-21。

图4-3-20 骰子

图4-3-21 烟灰缸

模块测试.............

一、理论测试

1. 在3ds Max 2018中复合建模方法有_____、_____、_____、_____、_____、_____、_____、_____、_____、_____12种命令。

2.放样建模必须有两个对象,一个作为放样的_____,另一个作为放样的_____。

3."放样"命令有_____、_____、_____、_____以及变形等5个参数，其中变形参数卷中有_____、_____、_____、_____、_____5个命令。

4.布尔建模要求场景中至少有_____个对象，其"操作"栏参数有交集、_____、_____、_____、_____5种类型，利用这5种类型可创建不同的对象。

二、操作测试题

1.制作如图4-3-22所示的玩偶头像。

操作提示：

（1）使用球体和管状体绘制出玩偶的头、眼睛、鼻子和嘴，使用圆锥体绘制出头发，将头转换为可编辑多边形；头发添加"弯曲"修改器。

（2）头发进行散布建模，调整头发在头部的位置，勾选"散布对象"卷展栏中"分布对象参数"下的"仅使用选定面"选项，并选中"对象"栏下的"分布：对象名（头对象名）"选项。

（3）在"修改"面板中，选中"头对象名"选项，在"修改器列表"中选择"可编辑网格"选项，单击"多边形"按钮，在视图中拖拽框选出头发应在的位置。

（4）选中"散布"选项，勾选"分布对象参数"栏下的"垂直"选项，修改分布方式为区域。

2.制作如图4-3-22所示的桌布。

操作提示：

（1）分别使用"圆"和"星形"创建两个放样截面图形，使用"线"创建放样路径。

（2）先使用"圆"截面放样出模型，然后在"路径参数"卷展栏中修改"路径"比例值，再次单击"获取图形"按钮，在视图中拾取"星形"截面，两次形成放样桌面模型。

图4-3-22　玩偶头像

图4-3-23　桌布

模块五 修改器建模基础

模块综述

创建面板，可创建各类曲线、曲面、实体或空间扭曲物体，修改面板可以对创建物体的参数进行修改，但仅修改参数还不能满足实际造型的需要，如长方体的参数不能使得长方体产生扭曲效果。针对这一问题，3ds Max 2018软件提供了丰富的编辑修改器命令，可对已经创建的几何对象进行编辑，最终达到设计要求。本模块主要介绍常用修改器的使用方法和技巧。

学习完本模块后，你将能够：

- 用编辑网格建模方法创建足球;
- 用FFD修改器制作卡通企鹅模型;
- 用多边形建模方法制作飞机模型;
- 用曲面创建多彩葫芦。

学习任务一　足球——编辑网格建模

微课

【任务概述】

黑白相间的足球是运动片的主要道具之一，细细观察，足球表面由很多网格组成，而在3ds Max 2018中没有直接的网格创建对象，所以需要从其他对象转换而来，下面介绍这一建模技巧。

【任务目标】

通过制作足球实例，学习"编辑网格"修改器建模的方法。

【任务制作思路】

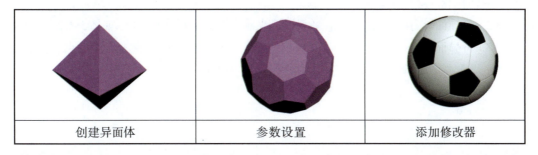

创建异面体	参数设置	添加修改器

【预备知识】

修改器的使用方法

对物体应用修改器的操作如下：

（1）选中场景中的物体。

（2）单击 ![按钮] 按钮进入"修改"面板。

（3）在"修改器列表"中选择要使用的修改器。

（4）设置修改器的参数。

【任务步骤】

1.创建异面体

场景中创建一个"十二面体/二十面体"的"异面体"，设置P为0.36，半径为60，如图5-1-1所示。

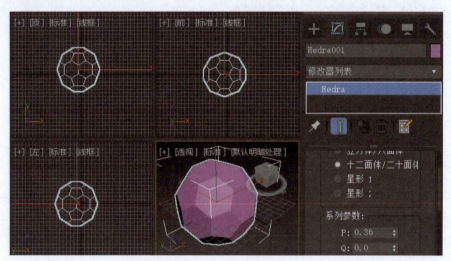

图5-1-1　创建异面体

2. 添加修改器

（1）给异面体添加"编辑网格"修改命令，进入"多边形"层级，全选所有的多边形，单击"编辑几何体"下的"炸开"按钮（炸开前一定选"元素"），如图5-1-2所示，再单击"编辑网格"退出子级别。

（2）给异面体添加一次"网格平滑"修改器，设置迭代次数为2，如图5-1-3所示。

（3）给异面体添加"球形化"和"编辑网格"修改器，进入"编辑网格"修改器下的"多边形"层级，设置"编辑几何体"中的挤出值为0.4，如图5-1-4所示。

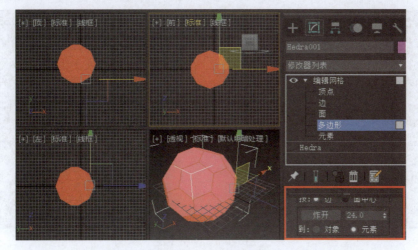

图5-1-2　编辑网格

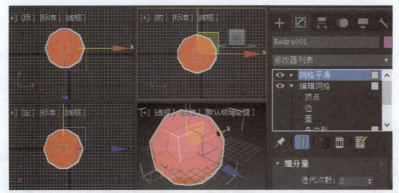

图5-1-3　网格平滑

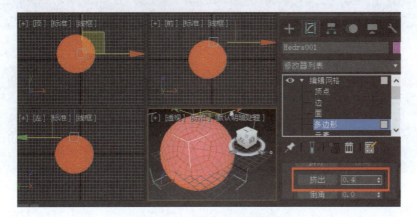

图5-1-4　球形化和编辑网格

（4）给异面体添加"网格平滑"修改器,设置"细分方法"为"四边形输出",如图
5-1-5所示。

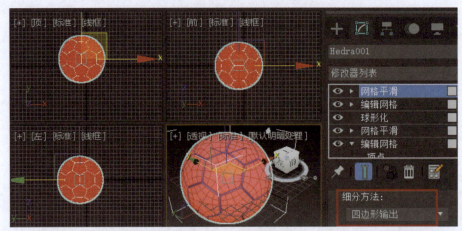

图5-1-5　网格平滑

3. 设置足球材质

（1）设置"多维/子对象"。单击 打开"材质编辑器"，选择一个材质球，单击 赋予给足球模型，再单击"Standard"，选择"多维/子对象"材质类型，出现"替换材质"对话框，选择"将旧材质保存为子材质"，如图5-1-6所示。

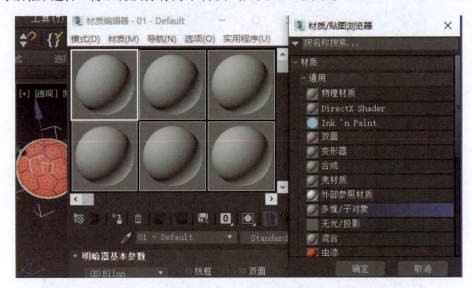

图5-1-6　设置材质参数

（2）设置"多维/子对象基本参数"。设置材质数量为2，更改ID子材质1的颜色为黑色，拖动 – Default （Standard 到子材质2，复制材质，改更ID子材质2的颜色为白色。再次单击 赋予给足球模型，如图5-1-7所示。

4. 渲染输出

执行"渲染"→"环境"菜单命令,设置背景色为绿色,单击"确定"按钮,退出环境设置面板。单击主工具栏上的 渲染按钮,快速渲染并显示效果如图5-1-8所示。

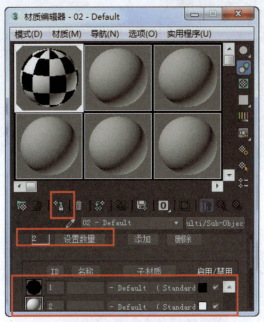

图5-1-7　多维/子对象基本参数

图5-1-8　足球效果

5. 保存模型

按Ctrl+S快捷键保存模型,并命名为"足球.max"。

知识链接 ‥‥‥‥‥‥‥‥

1. 堆栈修改器

堆栈的意思是从下往上堆积,在"修改命令"面板上有一块区域用于显示当前应用在对象上的编辑修改器,这个区域就称为"修改器堆栈",如图5-1-9所示。通过堆栈列表可以返回到任何一个修改器以改变其参数。

2. "网格平滑"修改器

"网格平滑"修改器用于调整对象的顶点和边,使角和边变圆,就像它们被锉平或刨平一样,修改细分量中的"迭代次数"和"平滑度"来制作不同的模型,如图5-1-10所示。

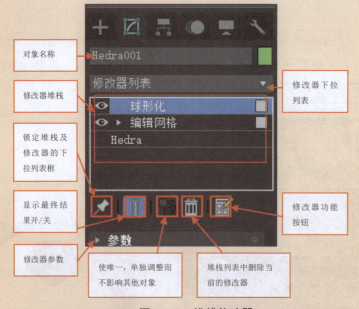

对象名称

修改器堆栈

锁定堆栈及修改器的下拉列表框

显示最终结果开/关

修改器参数

修改器下拉列表

修改器功能按钮

使唯一，单独调整而不影响其他对象

堆栈列表中删除当前的修改器

图5-1-9 堆栈修改器

图5-1-10 "网格平滑"修改器

迭代次数越多，平滑度越大，模型越圆滑，如图5-1-11所示。

长方体

迭代次数 0

迭代次数 1

迭代次数 2

迭代次数 3

图5-1-11 迭代次数与平滑关系

3."球形化"修改器

"球形化"修改器顾名思义就是把模型变得像球一样，效果如图5-1-12所示。

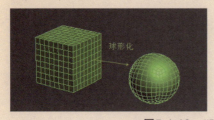

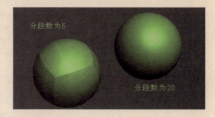

图5-1-12 "球形化"修改器

新建一个立方体，长、宽、高、分段数都设为8，添加"球形化"修改器，分段数越高，球形化效果也就越精细。

"球形化"只有一个参数：百分比，调到100%就是球形，0%则没有效果，如图5-1-13所示为50%的效果。

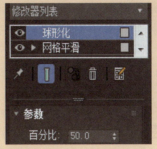

图5-1-13　球形化百分比参数

拓展练习

利用网格平滑修改器制作如图5-1-14所示的魔方模型。

操作提示：

（1）创建长方体，设置长、宽、高，分段均为3，并转换为可编辑多边形。

（2）在"多边形"子层级中，选中长方体所有面，执行"倒角"，类型为"按多边形"，高度为2，轮廓量为−1。（特别提醒：此时鼠标保持当前状态）

（3）反选（按快捷键Ctrl+I），多边形属性栏设置ID号为7，按Enter键。

（4）退出修改面板，材质编辑器中Standard设置为"多维/子对象材质"，数量为7。

（5）点开1号材质，Blinn参数设置高光和光泽度。

（6）拖动1号材质到2号材质，2-7号材质设置方法同1号材质。

（7）添加"网格平滑"修改器，细分方法为经典，迭代次数为1，平滑度为0.2，渲染保存。

图5-1-14　益智魔方

学习任务二　卡通企鹅——FFD修改器建模

【任务概述】

动画片中呆头呆脑的企鹅，走起路来摇摇摆摆，犹如真的一样憨态可掬。想用计算机制作一只这样的企鹅吗？来体验一下FFD的杰作：制作卡通企鹅模型。

【任务目标】

通过制作卡通企鹅实例，学习FFD、拉伸、弯曲修改器的用法及技巧。

【任务制作思路】

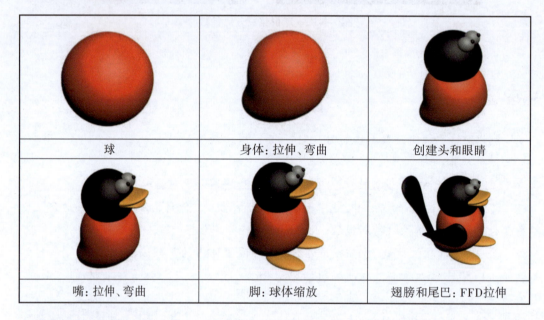

| 球 | 身体：拉伸、弯曲 | 创建头和眼睛 |
| 嘴：拉伸、弯曲 | 脚：球体缩放 | 翅膀和尾巴：FFD拉伸 |

【预备知识】

FFD修改器根据控制点可分为"FFD 2×2×2""FFD 3×3×3"和"FFD 4×4×4"3种形式，根据形状可分为"FFD (长方体)"和"FFD (圆柱体)"两种类型，下面以制作抱枕为例来介绍使用方法。

打开"模块五\素材\FFD.max"，如图5-2-1所示，对抱枕添加修改器并调整到合适形状。

（1）选择抱枕模型，进入修改命令面板，添加"FFD 3×3×3"修改器。

（2）展开"FFD 3×3×3"修改器，选择"控制点"选项，在左视图中将模型上面的中心控制点向上移，下面的中心控制点向下移，以增加模型的厚度，如图5-2-2所示。

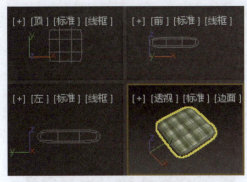

图5-2-1 抱枕模型

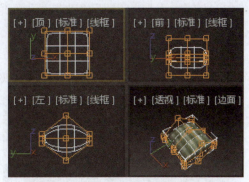

图5-2-2 FFD 3×3×3修改效果

（3）在顶视图中将4个角的控制点向模型外面移动，4条边的中心控制点向模型内移动，使得各模型各角变尖，各视图效果如图5-2-3所示，透视图的渲染效果如图5-2-4所示。

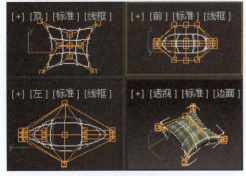

图5-2-3 调整4个顶点

图5-2-4 枕头最后效果

【任务步骤】

1.创建企鹅身体

（1）新建文件，创建一个球体，半径：90，分段：48，颜色：红色，效果如图5-2-5所示。

（2）为球体添加"拉伸"修改器，设置拉伸值为1，放大：–3，效果如图5-2-6所示。

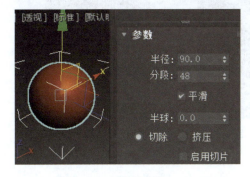

图5-2-5 创建球体

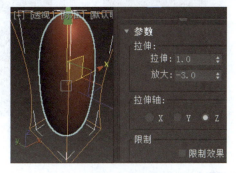

图5-2-6 "拉伸"球体

（3）为球体添加"弯曲"修改器，设置角度：150，方向：–90，勾选"限制效果"复选框，下限：–500，效果如图5-2-7所示。

（4）为球体添加"拉伸"修改器，设置拉伸：–1，放大：–20。单击✛工具，在信息栏设置绝对坐标值：X 0.0 ⬍ Y 0.0 ⬍ Z 0.0，效果如图5-2-8所示。

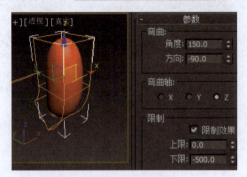
图5-2-7 "弯曲"修改器

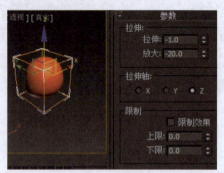
图5-2-8 "拉伸"修改器

2.创建企鹅头部

在透视图中，绘制黑色"球体"，半径：65，分段：48，坐标X：0，Y：0，Z：110，如图5-2-9所示。

3.创建企鹅眼睛和眼珠

（1）制作眼球。在透视图中，绘制灰色"球体"作为右眼，半径：18，分段：48，坐标X：–20，Y：–40，Z：60。复制一份得到左眼，坐标X：15，Y：–40，Z：160，如图5-2-10所示。

（2）制作眼珠。在透视图中，绘制黑色"球体"作为右眼珠，半径：5，分段：48，坐标X：–20，Y：–55，Z：170。复制一份得到左眼，坐标X：15，Y：–55，Z：170，如图5-2-11所示。

图5-2-9 企鹅头部

图5-2-10 制作眼球

图5-2-11 制作眼珠

4. 创建企鹅的嘴

（1）在前视图中，绘制金黄色"球体"，半径：45，分段：48，半球：0.5，为球体添加

"拉伸"修改器，设置拉伸：3.5，放大：−60，再为球体添加"弯曲"修改器，设置角度：30，方向：−90，如图5-2-12（a）所示。

（2）在前视图中，利用"选择并非均匀缩放"沿Y轴压缩企鹅的嘴，压扁。在左视图中沿X轴压缩，缩短，移动到合适的位置，得到上嘴唇，如图5-2-12（b）所示。

（3）单击"镜像"按钮，沿Z轴复制得到下嘴唇，并在左视图中沿X轴压缩，如图5-2- 12（c）所示。

5. 创建企鹅的脚

（1）制作右脚。在前视图中绘制半径为60的金黄色"球体"，对"球体"进行非均匀缩放（缩放参数X：50，Y：20，Z：100）和旋转（旋转参数X：90，Y：0，Z：−10）完成右脚。

（2）制作左脚。单击"镜像"按钮，沿X轴复制，设置复制对象坐标（X：45，Y：−45，Z：−70）得到左脚，如图5-2-12（d）所示。

（a）　　　　　（b）　　　　　（c）　　　　　（d）

图5-2-12　创建企鹅的嘴和脚

6. 创建企鹅的翅膀

（1）制作翅膀模型。在透视图中绘制半径为50的黑色的"球体"，给球体添加"FFD 3×3×3"修改器，展开修改器选择控制点选项，在顶视图和左视图中调节控制点，如图5-2-13和图5-2-14所示。

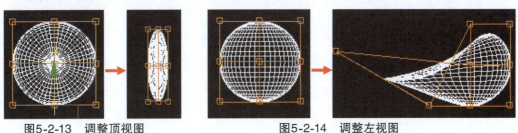

图5-2-13　调整顶视图　　　　图5-2-14　调整左视图

（2）调整翅膀位置。利用"移动"和"旋转"按钮调整翅膀到合适的位置作为右翅膀，如图5-2-15所示。在前视图中选择右翅膀，按住Shift键复制对象为左翅膀，如图5-2-16所示。

图5-2-15 制作右翅膀　　　　图5-2-16 制作左翅膀

7.创建企鹅的尾巴

（1）在前视图中绘制径为60的黑色"球体"，给球体添加"拉伸"修改器，设置拉伸：1，放大：1，选择控制点选项，如图5-2-17（a）所示。在左视图中调节中心点，沿X轴拉动中心点，得到左大右小的形状，如图5-2-17（b）所示。

（2）给球体添加"FFD 2×2×2"修改器，选择控制点选项，在左视图中调整控制点。

（3）调整形状。回到选择状态，右击"选择并旋转"按钮，设置旋转参数（X：160，Y：0，Z：0），右击"选择并移动"按钮，设置对象的坐标（X：0，Y：90，Z：30），过程如图5-2-17（c）、图5-2-17（d）所示。

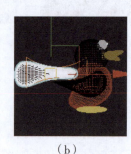

（a）　　　　　　　（b）　　　　　　　（c）　　　　　　　（d）

图5-2-17 创建企鹅的尾巴

8. 渲染输出

（1）设置背景。企鹅创建完成，各视图效果如图5-2-18所示，执行"渲染"→"环境"菜单命令，在环境设置面板中设置为白色，单击"确定"按钮。

（2）渲染输出。激活透视图，按Shift+Q快捷键渲染，效果如图5-2-19所示。

（3）保存模型。按Ctrl+S快捷键保存文件为"企鹅.max"

图5-2-18　企鹅的各视图

图5-2-19　企鹅完成的效果

知识链接 · · · · · · · · · ·

1."拉伸"修改器

"拉伸"修改器可沿指定轴向拉伸或挤压物体,在保持体积不变的前提下改变物体的形状。特别是在动画片中,具有弹性表现力的人物或角色都是通过该修改器来完成制作的。同样,在修改器下拉列表框中选择"拉伸"修改器,在卷展栏中便会出现如图5-2-20所示的参数卷展栏。

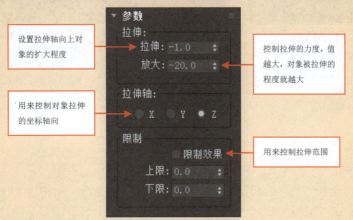

图5-2-20　"拉伸"修改器

影响拉伸效果的参数有"拉伸""放大""拉伸轴"及"限制"等,参数不同,效果不同,如图5-2-21所示。

拉伸值为0.0、0.5和−0.5时的效果

"放大"值为0.0、1.0和−1.0时的拉伸对象

图5-2-21　拉伸参数效果

2."弯曲"修改器

"弯曲"修改器是对选中的对象进行均匀弯曲处理,也可以使用限制选项来限制对象的弯曲区域。

"弯曲"修改器的创建步骤如下:

(1)打开"模块五\源文件\弯曲效果素材.max",如图5-2-22所示。

(2)应用"弯曲"修改器,操作步骤如图5-2-23所示。

①选中场景中的钓竿。

②单击 按钮切换到"修改"面板。

③在"修改器列表"中选择"弯曲"选项,为对象添加"弯曲"修改器。

④设置"角度"为–75、"方向"为–95。

图5-2-22 素材文件

图5-2-23 "弯曲"修改器的操作步骤

拓展练习

利用FFD创建如图5-2-24所示的单人沙发模型。

操作提示:

(1)绘制切角长方体(长和宽为700 mm,高为 160 mm,圆角为20 mm。分段:长为20,宽为20,高为2,圆角为3)。

(2)添加FFD4×4×4修改器,调整控制点。

(3)绘制切角长方体(长和宽为400mm,高为80 mm,圆角为20 mm。分段:长为10,宽为10,高为2,圆角为3)。

(4)添加FFD4×4×4修改器,调整控制点。

(5)利用线工具绘制沙发底座的曲线 ,再添加车削修改器。

图5-2-24 单人沙发

学习任务三　精致雨伞——锥化修改器建模

【任务概述】

"小雨中,雨伞下的人或独自思索或匆忙行走……"这种场景是动画中常用来表现人物心理活动的场景,雨伞是必备的道具之一。本任务将介绍利用锥化修改器来制作雨伞。

【任务目标】

通过制作精致雨伞实例,学习锥化修改器的建模方法。

【任务制作思路】

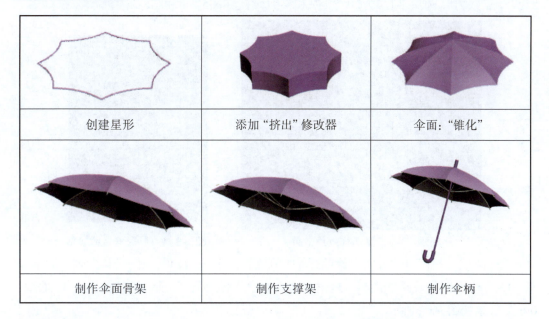

创建星形	添加"挤出"修改器	伞面:"锥化"
制作伞面骨架	制作支撑架	制作伞柄

【预备知识】

"星形样条线"可以创建具有很多点的闭合星形样条线,如图5-3-1所示,其参数面板如图5-3-2所示。

图5-3-1　星形样条线

参数

半径 1: 158.962
半径 2: 53.643
点: 5
扭曲: 0.0
圆角半径 1: 0.0
圆角半径 2: 0.0

图5-3-2　星形样条线参数

- 半径1：星形内部顶点的半径。
- 半径2：星形外部顶点的半径。
- 点数：星形上的点数（3~100）。
- 扭曲：顶点围绕星形中心旋转。
- 圆角半径1：使星形的内部顶点变圆角。
- 圆角半径2：使星形的外部顶点变圆角。

【任务步骤】

1.制作伞面

（1）创建星形样条线。新建文件，在顶视图中绘制星形样条线，设置半径1为60，半径2为75，点数为8，圆角半径1为20。效果和参数设置如图5-3-3和图5-3-4所示。

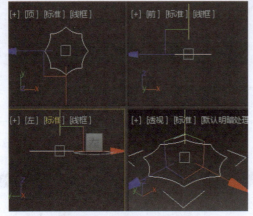

图5-3-3　星形样条线效果　　　　图5-3-4　星形样条线参数

（2）添加"挤出"和"锥化"修改器。选中星形样条线，添加"挤出"修改器，设置"数量：30，分段：5"，效果如图5-3-5。再添加"锥化"修改器，设置"锥化数量：–1，曲线：0.6"，效果如图5-3-6所示。

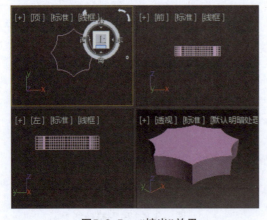
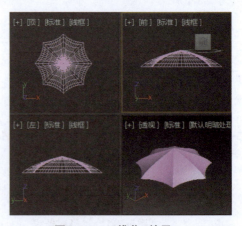

图5-3-5　"挤出"效果　　　　图5-3-6　"锥化"效果

2. 制作伞面骨架

（1）创建骨架。选中模型，将其转换为"可编辑多边形"，进入"可编辑多边形"的"边"层级，在顶视图中，按Ctrl键选择模型中各骨架的边，选中后效果如图5-3-7所示。单击"编辑边"参数卷展栏下的"利用所选的内容创建图形"按钮，在弹出的对话框中输入"骨架"。

（2）调整支架。单击 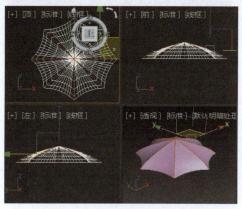（按名称选择）按钮，选择"支架"，再单击 按钮，放大支架，在修改面板的"渲染"参数中勾选"在视口中启用"和"在渲染中启用"复选框，效果如图5-3-8所示。

图5-3-7　选中"骨架"边效果

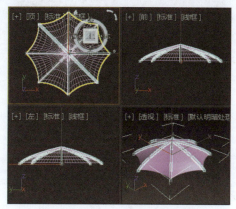

图5-3-8　"伞面骨架"效果

3.制作支撑架

（1）选中伞面骨架，单击 （镜像）按钮，沿Y轴复制一个作为伞的支撑架，单击 按钮，调整大小和位置，如图5-3-9所示。

（2）在修改面板中选择"多边形"，选中透视图中伞内部平面，按Delete键删除，能明显看到雨伞小支架，如图5-3-10所示。

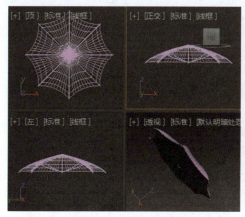

图5-3-9　创建支撑架

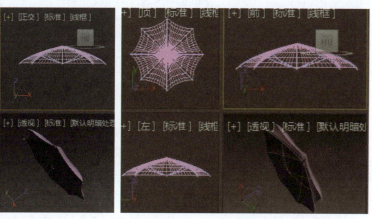

图5-3-10　删除内部平面后的效果

4.制作伞柄

（1）绘制伞柄样条线。单击"线"按钮，绘制伞柄的形状，径向厚度为4，如图5-3-11所示。

（2）将伞柄样条线转换为"可编辑多边形"，进入"可编辑多边形"的"多边形"子层级，在前视图中框选伞中间直杆部分，单击"编辑多边形"卷展栏中的"挤出"按钮，挤出类型设置为局部法线，高度为–1，如图5-3-12所示。

图5-3-11　伞柄样条线

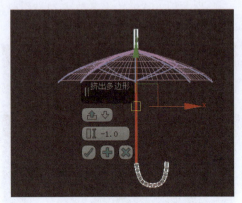

图5-3-12　"挤出"参数设置

5.设置雨伞材质

按 ▦ 按钮打开材质编辑器，单击"Standard"按钮，为伞添加"双面"材质，伞顶面为粉紫色，内部为灰色。

6. 渲染与保存

（1）按Ctrl+S快捷键保存文件为"精致雨伞.max"。

（2）按F9键快速渲染，效果如图5-3-13所示。

图5-3-13　精致雨伞最终效果

知识链接

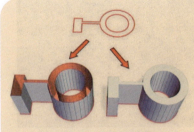

图5-3-14　挤出修改器

挤出修改器

挤出修改器是将一个二维图形挤出一定的厚度，使其成为三维对象，使用该修改器的前提是制作的造型必须由上到下具有一致的形状，如图5-3-14所示。

"挤出"修改器的参数面板如图5-3-15所示。

图5-3-15　"挤出"参数

- 数量：设置挤出的厚度，如图5-3-16所示。
- 分段：设置挤出厚度上的分段划分数，如图5-3-17所示。
- 封口始端：在顶端加面，封盖物体。
- 封口末端：在底端加面，封盖物体。

数量：0

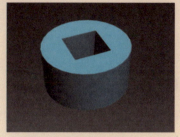
数量：30

图5-3-16　数量参数

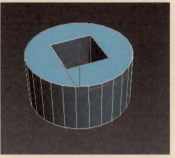
分段：1

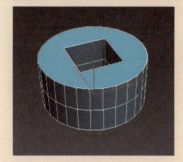
分段：2

图5-3-17　分段参数

拓展练习

利用"锥化"修改器制作如图5-3-18所示的冰激凌。

操作提示：

（1）创建星形（半径1：80，半径2：60，点：6，圆角半径1：15，圆角半径2：5）。

（2）添加"挤出"修改器，数量：160，分段：16。

（3）添加"扭曲"修改器，角度：160，偏移：50。

（4）添加"锥化"修改器，数量：−1，曲线：1。

（5）绘制冰激凌筒的曲线，添加"车削"修改器。

图5-3-18　冰激凌

学习任务四　翱翔飞机——多边形建模

【任务概述】

　　早在远古时代，人类就幻想翱翔蓝天，飞机的发明，让人类真正插上了翅膀，得偿飞翔天空的夙愿。本任务将介绍用可编辑多边形和网格平滑等技术来创建飞机模型的制作方法。

【任务目标】

　　通过制作翱翔飞机模型实例，学习可编辑多边形和网格平滑等建模技术。

【任务制作思路】

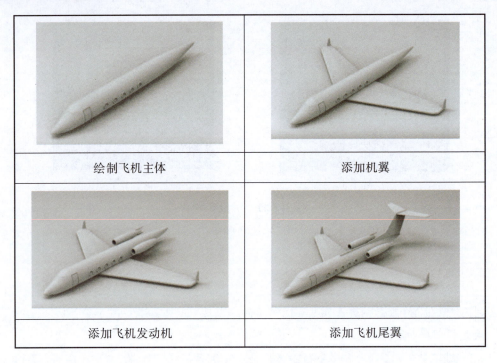

| 绘制飞机主体 | 添加机翼 |
| 添加飞机发动机 | 添加飞机尾翼 |

【预备知识】

多边形建模流程

　　利用可编辑多边形和网格平滑建模的流程如图5-4-1所示。

　　（1）通过创建几何体或者其他方式得到大致的模型。

　　（2）将基础模型转化为可编辑多边形或可编辑网格，然后进入可编辑多边形或网格的子层级别进行编辑和修改。

　　（3）使用"网格平滑"或"涡轮平滑"修改器对模型进行平滑处理。

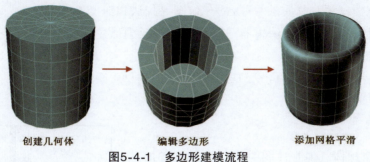

创建几何体 → 编辑多边形 → 添加网格平滑

图5-4-1 多边形建模流程

【任务步骤】

1.创建参考平面

（1）在前视图中创建平面，设置长和宽均为500，分段为1，如图5-4-2所示。选择平面，打开"角度捕捉" ，利用选择并旋转，按住Shift键，沿X轴旋转90°，旋转后选择复制，移动平面图位置呈现一个直角，如图5-4-3所示。

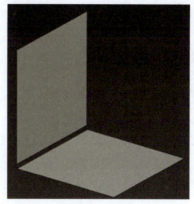

图5-4-2 参数   图5-4-3 旋转复制

（2）打开"材质编辑器" （M），将素材飞机的顶、侧视图分别拖放进两个不同的材质球，并分别将材质赋予平面，如图5-4-4所示。

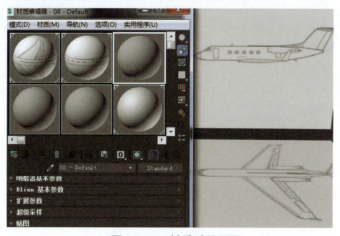

图5-4-4 材质赋予平面

提示：材质球添加材质的两种方法：位图寻找法和拖曳法。

位图寻找法：打开材质编辑器，选择贴图，漫反射颜色，选择位图，双击位图，找到贴图所在的位置，并单击打开。

拖曳法：找到贴图所在位置，选中不放，拖拽到材质编辑器中即可。

2.创建机身

（1）创建球体。在前视图中绘制半径为10的球体，分段为16，如图5-4-5所示。选中球体并旋转90°，如图5-4-6所示，单击右键，选择"转换为可编辑多边形"，如图5-4-7所示。提示：旋转球体是为了方便后期建模增加边和面等，以便和飞机方向一致。

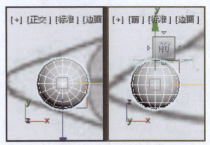

图5-4-5　绘制球体

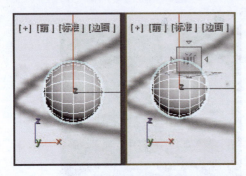

图5-4-6　旋转球体90°

图5-4-7　转换为可编辑多边形

（2）调飞机头部形状。选择缩放工具，拉伸球体，调节顶点与贴图对齐，删除多余部分，如图5-4-8所示，选择可编辑多边形中的"边模式"，双击线段，按住Shift键移动复制，使用缩放命令让球体与贴图边界对齐，如图5-4-9所示。

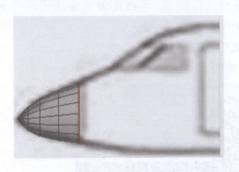

图5-4-8　缩放对齐

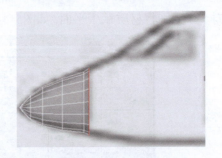

图5-4-9　移动复制

（3）制作机身躯干。选择多边形的顶点、边或多边形进行调整，制作出机身，制作过程中观察是否与原图边界对齐，如图5-4-10所示，飞机身体制作过程如图5-4-11所示。

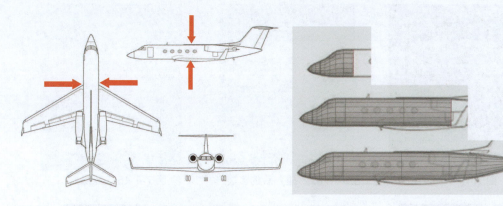

图5-4-10 飞机三视图参考   图5-4-11 制作飞机身体过程

操作技巧：在制作过程中对多边形中间加循环线，使用"快速循环"或"插入循环"按钮，单击要加线的多边形上即可添加。

快速循环：单击主工具栏下方"多边形建模"→"编辑"→"快速循环"按钮，可在多边形上快速加循环线，如图5-4-12所示。

插入循环：单击"多边形建模"→"循环"→"插入循环"按钮，单击对象生成循环线，如图5-4-13所示。

图5-4-12 "快速循环"按钮

图5-4-13 "插入循环"按钮

（4）制作机身的门。

①抠出门的位置。选中机身，透明（ALT+X快捷键），修改面板中可编辑多边形中的多边形模式。选中飞机头侧后边的一个面，按住Ctrl键，加选另3个面，当作门。在"编辑几何体"中找到"分离"，将多边形分离为单独的一个对象。使用相同的方法选择机身另一侧的4个多边形，按Delete键删除。

②编辑分离的多边形。进入修改面板，选中分离出来的多边形，在可编辑多边形中选择多边形，在编辑多边形下选择"插入"按钮，如图5-4-14所示，在右边设置命令■中选择组，设数量为0.7，如图5-4-15所示。

③给门加线。选中中间4个面，按Delete键删除，如图5-4-16所示。进入边模式，鼠标左键双击面片内部的线段，切换到左视图，按住Shift键，往左移动复制，如图5-4-17所示。回到前视图，缩放，按住Shift键，整体缩放复制，并单独调整X轴，使其宽度与Y轴相等，如图5-4-18所示。在左视图中，选择并移动工具，按住Shift键，往右移动复制，如图5-4-19所示。

图5-4-14 插入

图5-4-15 插入后的多边形

图5-4-16 删除面

图5-4-17 往左复制轮廓线

图5-4-18 缩放复制轮廓

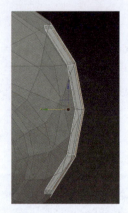

图5-4-19 往右复制轮廓线

④封口和连接顶点。回到顶视图，选择"可编辑多边形"的边界模式，单击线段，在"编辑边界"中选择"封口"。切换到点模式，将对应的两个点选中，如图5-4-20所示，在"编辑顶点"中单击"连接"，如图5-4-21所示。

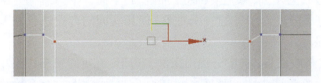

图5-4-20 选中顶点

图5-4-21 顶点接连

⑤调整加线。进入边模式，双击左上角线段，如图5-4-22所示，并在"选择"中单击"环形"。接着在"编辑边"里找到连接右边的 ▣ 设置按钮，如图5-4-23所示，将参数分段改为2，收缩65，勾选确定。接着使用 ⚡快速 循环 ，在面片的上、下、左、右分别循环加线，如图5-4-24所示。添加"网格平滑"修改器，将"细分量"中的迭代次数设为2。

图5-4-22　选择线段

图5-4-23　接连设置参数

图5-4-24　快速循环加线

（5）制作飞机头部挡风玻璃。

①剪切出挡风玻璃形状。回到创建模式 ，选中机身，透明（ALT+X快捷键），观察挡风玻璃，如图5-4-25所示。在点模式中，用"剪切工具" 剪切 在线或点上单击创建线条，如图5-4-26所示。用移动和缩放工具调节点的位置。如图5-4-27所示，选中多边形，鼠标右键选择插入左边的 设置按钮，选择组，将参数改为0.5。选中插入的多边形，鼠标右键选择挤出左边的 设置按钮，单击 设置为局部法线，参数改为-0.5，完成后单击确认。

图5-4-25　观察挡风玻璃

图5-4-26　剪切玻璃形状

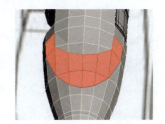
图5-4-27　选中多边形

②调整玻璃细节。进入边模式，选择挤出产生的边，如图5-4-28所示。选中后在"选择"中找到"环形"并单击，接着在"编辑边"中，单击"连接"。用快速循环工具在如图5-4-29所示位置分别加上循环线，完成后如图5-4-30所示。

图5-4-28　挤出的边

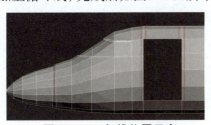
图5-4-29　加线位置示意

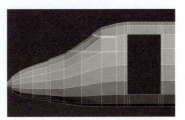
图5-4-30　加快速循环线后

③平滑。添加"网格平滑"修改器，将"细分量"中的迭代次数设为2，如图5-4-31所示。

图5-4-31 添加网络平滑修改器

3. 制作机翼

（1）用线勾出机翼轮廓。单击 ⬚ →"线"，在顶视图中，参考图5-4-32所示依次单击，生成一个闭合线。转换为可编辑多边形，进入点模式，使用剪切命令（ALT+C快捷键），先单击②处的点，再单击右侧④到⑤间的线段进行连线。在修改器列表中找到壳命令，将内部量和外部量改为3。

（2）编辑机翼。

①将对象转换为多边形，删除图5-4-33中①到⑤间的多边形。进入边模式，选择机翼中间线段，在"编辑边"中选择"连接"，图5-4-34所示。

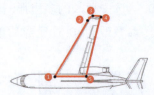

图5-4-32 机翼顶点示意图

图5-4-33 删除多边形

图5-4-34 连接

②在点模式下，选中最下面中间的点，如图5-4-35所示。缩放，沿着Y轴放大，如图5-4-36所示。在边模式下，选中图中线，如图5-4-37所示，鼠标右键选择连接左边的 ⬚ 设置按钮，设置参数为3、0、0，完成后单击确认。

图5-4-35 选中点

图5-4-36 沿Y轴放大

图5-4-37 机翼边上的线

③在多边形模式下，选中如图5-4-38所示位置，挤出，设置挤出多边形参数，组：局部法线，高度：16，单击确认完成。选中如图5-4-39所示机翼尾挤出的线，用移动工具沿着Z轴拖动，效果如图5-4-40所示，然后选择两边的点，运用缩放工具沿着Y轴从下往上逐渐收缩。

④选中如图5-4-41所示左边点，沿X轴拖动，使其形成一个梯形，运用 ⬚ 快速循环 在上下部分各加上一条线。切换到边模式，选中线条，如图5-4-42所示。接着在"选择"中单击"环形"，鼠标右键选择连接左边的 ⬚ 设置按钮，设置参数为1、0、0，完成后，单击左下角确认，如图5-4-43所示。

图5-4-38　选中多边形面

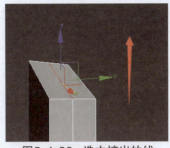
图5-4-39　选中挤出的线

图5-4-40　拖动线

图5-4-41　选机翼尾部顶点

图5-4-42　加线

图5-4-43　连接

⑤回到点模式，将中间的点分别往外移出去，如图5-4-44所示。图中位置用  **快速 循环** 加线，然后将机翼放置在机身的中间位置，如图5-4-45所示。最后添加网格平滑修改器，将"细分量"中的迭代次数设为2。

图5-4-44　移点

图5-4-45　循环加线

4. 制作窗户

（1）绘制窗户。选中并透明机身，在前视图中创建一个圆柱，半径为6，高度为9，高度和端面分段为1，边数为18，转换为可编辑多边形。然后删除圆柱的上下底面，如图5-4-46所示。进入边模式，双击右侧的线，切换到缩放工具，按住Shift键缩放做出窗户厚度，如图5-4-47所示。接着切换到移动工具，按住Shift键沿着Y轴移动复制，如图5-4-48所示。

图5-4-46　删除圆柱顶底

图5-4-47　窗户厚度

图5-4-48　沿Y轴按Shift复制

（2）调整窗户。退出编辑状态，在修改器列表中添加"FFD3X3X3"，选择控制点，在左视图，用移动工具调整点的位置，让机身外的窗户部分基本厚度一致，调整后如图5-4-49所示。

（3）转换为可编辑多边形，进入边模式，双击线条（循环选择），如图5-4-50所示。接着在"选择"中单击"环形"。鼠标右键选择连接左边的■设置按钮，设置参数为2、70、0，完成后单击确认。最后，在前视图中沿着X轴移动复制4个窗户，效果如图5-4-51所示。

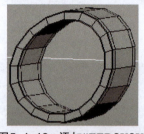

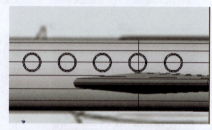

图5-4-49　添加"FFD3X3X3"　　图5-4-50　环形选择　　　　图5-4-51　复制4个窗户

（4）选择一个圆柱，在"编辑几何体"中选择附加，单击剩余的4个圆柱（附加过后形成一个整体），添加"网格平滑"修改器，将"细分量"中的迭代次数设为2。

5. 制作垂直尾翼

（1）勾轮廓。在顶视图中，按照图5-4-52所示绘制闭合图形，并转为可编辑多边形。

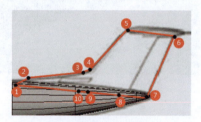
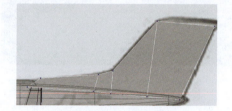

图5-4-52　垂直尾翼示意图　　　　　　　图5-4-53　剪切工具加线

（2）加线细化。在顶点模式下，利用剪切工具，单击③处的点，接着再点击⑩处的点，鼠标右键单击任意点完成连线，以此类推，连接④到⑨、⑤到⑧的线，如图5-4-53所示。

（3）增加厚度。利用壳命令，将内部量和外部量设置为1.5，转化为可编辑多边形。在多边形模式下，删除底面。

（4）使用 ⚡快速循环 在标记处加线（共6条），加线位置如图5-4-54所示。在左视图中，在横线的中间利用快速循环加一根线，加循环线后如图5-4-55所示。最后添加"网格平滑"修改器，将"细分量"中的迭代次数设为2。

图5-4-54　加线位置示意　　　　　图5-4-55　加循环线后

6. 制作水平尾翼

（1）勾轮廓，在顶视图中，按照图5-4-56所示绘制闭合图形，转为可编辑多边形。

（2）将②、⑤两点连接，添加"壳"修改器，设置内部量和外部量参数为1，转换为可编辑多边形，删除①到⑥之间的底面，使用 快速 循环 分别在前视图和顶视图循环加线，如图5-4-57所示。

（3）调整尾翼的位置，添加"网格平滑"修改器，将"细分量"中的迭代次数设为2，如图5-4-58所示。

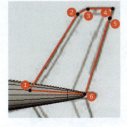
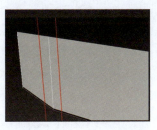

图5-4-56　加线位置示意　　　图5-4-57　加循环线后　　　图5-4-58　调整并平滑后

7. 制作发动机

（1）创建圆柱。在前视图创建圆柱（半径为8.5，高度为27，高度分段为1），如图5-4-59所示，沿着X轴旋转90°，转换为可编辑多边形。在多边形模式下，删除上底和下底，在边模式下，进行如图5-4-60所示的移动和缩放操作，调整位置和大小。提示：有物体遮挡时根据需要选择，隐藏或取消全部隐藏。

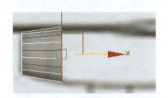

图5-4-59　创建圆柱体　　　　　图5-4-60　调整大小和位置

（2）造型发动机。选择移动工具，按住Shift键移动并复制，如图5-4-61所示，并用缩放工具调整大小，按照图5-4-62所示完成基本形状。

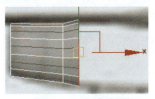

图5-4-61　复制边　　　　　　　图5-4-62　基本造型

（3）右侧封口。切换到缩放工具，按住Shift键向内拖动，如图5-4-63所示。往内部复制，按Shift键使用移动工具，沿着X轴往内部移动复制，如图5-4-64所示。返回缩放工具，缩放复制，如图5-4-65所示。单击右键，选择"塌陷" 塌陷 ，如图5-4-66所示。

图5-4-63 缩放复制

图5-4-64 内部复制

图5-4-65 缩放复制

图5-4-66 塌陷

（4）左侧加厚。双击线条，按住Shift键缩放命令，内部缩放复制，如图5-4-67所示。切换到移动工具，往内部移动复制（此处不封口，将边移动至表面看不见即可），如图5-4-68所示。

图5-4-67 缩放复制

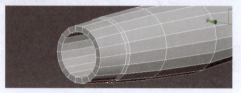
图5-4-68 内部复制

（5）加线平滑。使用快速循环加线，如图5-4-69所示，添加"网格平滑"修改器，将"细分量"中的迭代次数设为2，如图5-4-70所示。

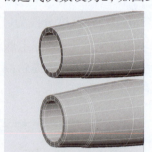
图5-4-69 发动机左侧

图5-4-70 发动机右侧

（6）装饰发动机尾。在前视图中，绘制如图5-4-71中①所示的多边形，转换为可编辑多边形，顶点状态下，如②所示，使用剪切命令，连接线。添加"壳"修改器，将内部量和外部量改为0.45，转换为可编辑多边形。使用快速循环加线，加线后如③所示。旋转图形，侧面快速循环加线，如④所示。添加"网格平滑"修改器，将"细分量"中的迭代次数设为2。放在发动机主体后面旋转并复制3个，如图5-4-72所示。

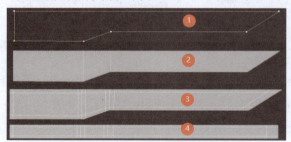
图5-4-71 绘制并调整多边形

图5-4-72 发动机完成图

（7）制作发动机支架。绘制长方体（长为20，宽为32，高为2），适当调整放在机身的合适位置。

8.组装飞机

将门窗户、发动机、机翼、水平面尾翼在一侧放好并调整位置，选中并镜像到另一侧，做好调整，这样一架飞机就制作完成了，如图5-4-73所示。

图5-4-73 飞机完成图

知识链接..............

"壳"修改器

3ds Max 2018中的网格物体都是由无厚度的面组成的，这些面结合在一起，就会形成一个三维实体。但是如果该实体上面有一个缺口，则会看到实体的内部是空的，缺口处的面是无厚度的，这与现实世界是不相符的。"壳"修改器可弥补这一缺陷，它可以将开放的网格物体的表皮增加厚度，如图5-4-74所示。

图5-4-74 添加"壳"修改器前后对比

利用"可编辑网格"创建海豚模型，如图5-4-75所示。

操作提示：

（1）新建文件，选中前视图，设置视口配置中的背景，将海豚参考图文件设置为背景，匹配位图，并应用到活动视图。

（2）绘制圆柱体（半径为30，高度为350，高度分段为14），添加编辑网络修改器。

图5-4-75　海豚

（3）在顶点模式，利用移动、缩放等工具，结合Shift键沿X轴调整点或边，顶点在海豚形体比较复杂的地方密集一些，利于编辑，注意嘴部和尾部细节的调整。

（4）在海豚背脊处，选择一个面并挤出，数量为10，连续操作2次，作为背鳍。

（5）在海豚身体头下部选中相应的面，进行挤出，数量为10，连续操作3次，对顶点进行调整。

（6）添加"网络平滑"修改器，细分方法为"四边形输出"，"细分量"中迭代次数为2，平滑度为1。

微课

学习任务五　多彩葫芦——NURBS曲面（修改器）建模

【任务概述】

在中国传统文化中，葫芦寓意福禄、吉祥，本任务将介绍用曲面修改器来创建各色葫芦。

【任务目标】

通过制作葫芦实例，学习使用NURBS修改器建模的技术。

【任务制作思路】

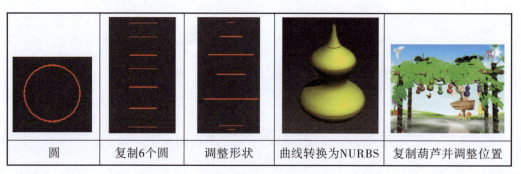

| 圆 | 复制6个圆 | 调整形状 | 曲线转换为NURBS | 复制葫芦并调整位置 |

【预备知识】

NURBS建模

NURBS是Non-Uniform Rational B-Spline的英文缩写,是非统一有理B样条曲线的意思,能够完美地表现出曲面模型,并且易于修改和调整,能够比传统的风格建模方式更好地控制物体表面的曲线度,从而创建出更逼真、生动的造型,最适于表现有光滑外表的曲面造型。

"点曲线"是由一系列点弯曲而构成的曲线,创建方法如下:单击 ➕(创建)→ 🔲(图形)→"NURBS"(曲线)→"点曲线"按钮,如图5-5-1所示,与"线"工具的使用方法相同,单击鼠标右键完成绘制,如图5-5-2所示。

图5-5-1 创建曲线面板

图5-5-2 创建曲线效果

创建点曲线的参数如图5-5-3所示。

图5-5-3 创建点曲线参数

• 步数:两点之间的片段数目,该值越高,曲线越圆滑。

• 优化:对两点之间的片段数进行优化处理。

• 自适应:由系统自动指定片段数,以产生光滑的曲线。

• 在所有视口中绘制:选择该复选框,可以在所有视图中绘制曲线。

CV 曲线是由控制顶点(CV)控制的 NURBS 曲线,是整个NURBS 曲线模型的基础,创建方法如下:

(1)单击 ➕(创建)→ 🔲(图形)→"NURBS曲线"→"CV曲线"按钮,如图5-5-4所示。

(2)在前视图窗口中单击绘制CV曲线,单击鼠标右键完成绘制,如图5-5-5所示。

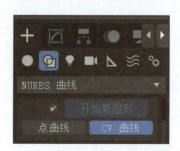

图5-5-4 创建CV曲线面板

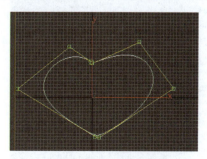

图5-5-5 CV曲线效果

【任务步骤】

1. 绘制圆

重置场景，在场景中绘制半径为30的圆，设置圆的坐标为X：0，Y：0，Z：0。

2.复制6个圆

选中圆，复制6个，调整位置如图5-5-6所示，并将每个圆从上到下命名为圆1至圆7。

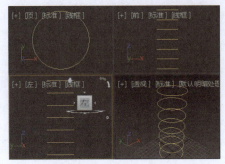
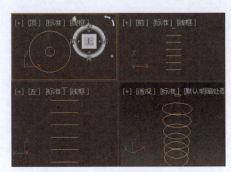

图5-5-6　7个圆的位置效果　　　　　图5-5-7　顶部圆缩小后效果

3.调整各个圆的大小和位置

在前视图中，选择圆1，缩小到如图5-5-7所示效果。按相同的方法，在前视图中把圆2缩小，把圆3放大，圆5放大，圆6缩小，圆7缩小，调整各圆的上下距离，使其形状接近葫芦外形，如图5-5-8所示。

4.将所有圆转为NURBS

选中所有的圆（Ctrl+A快捷键），鼠标右键选择"转换为"→"转换为NURBS"，如图5-5-9所示，面板自动跳到"修改"状态。

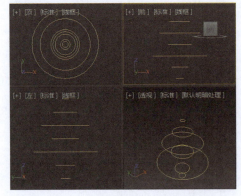
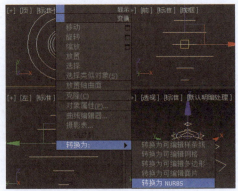

图5-5-8　调整圆的大小和位置　　　　图5-5-9　转换NURBS菜单

5.创建U向曲面

（1）在前视图中选中任意一个圆，会自动弹出"NURBS创建工具箱"，单击工具箱中"曲面"中的 ▨ （创建U向放样曲面）按钮，再依次单击圆7至圆1创建曲面，右击鼠标取消创建，如图5-5-10所示。

（2）再选择 ▨ （创建封口曲面）工具，单击圆7，为葫芦创建封口曲面，如图5-5-11所示。

图5-5-10　NURBS工具

图5-5-11　创建后的效果

提示：如果找不到NURBS创建工具箱，可单击常规参数中右侧的 ▨ 按钮。

6.葫芦上色

（1）打开"材质编辑器"，在"明暗器基本参数"中勾选"双面"选项。

（2）设置环境光为红色。单击 ▨ 按钮将材质赋给选定的葫芦，如图5-5-12所示。

（3）复制6个葫芦，依次修改葫芦颜色为红、橙、黄、绿、青、蓝、紫，并调节各视图中葫芦的位置，如图5-5-13所示。

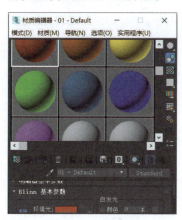

图5-5-12　材质设置窗口

图5-5-13　葫芦最后效果

7.配置环境

单击"文件"菜单,在下拉列表中选择"导入"→"合并"命令,选择"模块五\素材\葫芦藤素材.max"将背景导入到场景中,如图5-5-14所示。在透视图中,选择葫芦,调节葫芦的大小和位置。

8.渲染与保存

渲染透视图效果如图5-5-15所示。按Ctrl+S快捷键保存文件,并命名为"多彩葫芦.max"。

图5-5-14　背景图效果

图5-5-15　挂满葫芦效果

知识链接 ·····················

车削曲面

车削曲面通过曲线生成,这与"车削"修改器类似,但是"车削曲面"优势在于车削的子对象是NURBS模型的一部分,因此可以使用它来构造曲面和曲面子对象。

(1)执行"创建"→"NURB"→"点曲线"菜单命令,如图5-5-16所示。在前视图中绘制一条点曲线,如图5-5-17所示。

图5-5-16　创建点曲线菜单

图5-5-17　点曲线效果

(2)选中点曲线,在修改面板参数中单击"常规"卷展栏中的"NURBS工具箱" 按钮,弹出对话框,在"曲面"选项组中单击"创建车削曲面" 按钮,如图5-5-18所示,在视图中拾取点曲线,渲染后的效果如图5-5-19所示。

图5-5-18　车削工具箱

图5-5-19　车削效果

拓展练习

利用CV曲线和车削曲面创建青苹果，如图5-5-20所示。

操作提示：

（1）绘制苹果剖面线：利用 `CV 曲线`，在前视图中绘制CV曲线。

（2）车削曲面建模：修改面板→常规参数→"创建NURBS工具箱" ✳ →"创建车削曲面" ，苹果成形。

（3）苹果茎：在前视图中绘制5个不同大小的圆，在常规参数中附加在一起，单击NURBS工具箱中"创建U向放样曲面" 按钮，从下往上拖选，选中最上面的圆，单击"创建封口曲面" 按钮封口。

（4）叶子：在前视图中绘制叶子主叶脉线和剖面形状，选中主叶脉为图形路径，进行放样叶子剖面。

（5）最后调整上色。

图5-5-20　青苹果

模块测试

一、理论测试

1.在堆栈修改面板中， 按钮的作用是_____， 按钮的作用是_____。

2._____修改器顾名思义就是把模型变得像球一样。

3."FFD"修改器根据控制点的不同可分为_____、_____、_____3种形式。

4._____修改器可沿指定轴向拉伸或挤压物体,在保持体积不变的前提下改变物体的形状。

5._____修改器的作用是对当前选中的对象进行均匀弯曲处理。

6.控制拉伸的力度,值越大,物体被拉伸的程度就越_____。

7._____修改器,只能应用于二维线条的挤出厚度;_____修改器,是给物体增加一个厚度,有内外两种方向的厚度,具体可以调节,它可以应用于三维物体及二维物体。

8.简述对物体应用修改器的操作步骤。

二、操作测试题

1.利用"编辑网格"修改器调节顶点制作橘子,如图5-5-21所示。

操作提示:

(1)创建球体。(2)添加"编辑网格"修改器,利用移动工具对顶点进行调整。(3)材质设置,环境光和漫反射均为橘色,高光级别为27,光泽度为16,打开贴图中的凹凸,单击后面的"无贴图"按钮,选择噪波,参数:大小为1.2,噪波阈值的高为1。

2.利用多边形建模制作花瓶,如图5-5-22所示。

操作提示:

(1)创建圆柱体,转换为可编辑网络。(2)在前视图中选中底面,挤出为6,倒角为-2,挤出为4,倒角为-4,顶部用相同方法,挤出为10,倒角为10。(3)花瓶造型,间隔选中顶点,沿Y轴向上拖动。(4)删除顶面,添加"壳"和"网格平滑"修改器。(5)花瓶贴双面材质,环境光为嫩黄色,在AEC中找到植物放于花瓶上并调整大小。

3.利用FFD修改器制作蘑菇,如图5-5-23所示。

操作提示:

(1)在顶视图中新建几何球体,添加"编辑网格"修改器,删除半球的面。(2)添加"壳"修改器,内部和外部量为2,转换为可编辑网格,添加融化修改器,融化数量为28,再添加"FFD4×4×4"修改器,调整控制点。(3)绘制圆柱,添加"FFD3×3×3"修改器调整蘑菇秆形状,并调整位置。(4)复制6朵蘑菇,调整大小、颜色和位置。

图5-5-21 橘子

图5-5-22 花瓶

图5-5-23 蘑菇

实训一　现代办公大楼——建模综合实例

【实训目的】

（1）掌握几何体建模、布尔复合建模的综合应用；

（2）掌握几何体的修改、复制操作方法；

（3）掌握弯曲、挤出、壳等修改器的应用。

【实训内容】

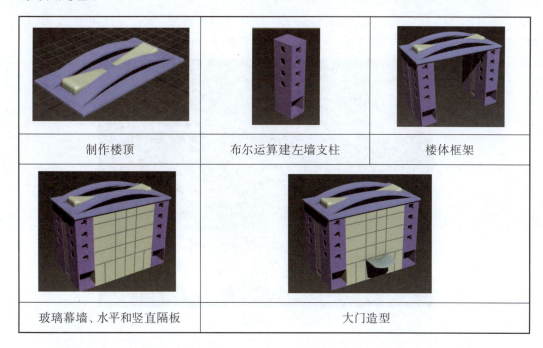

制作楼顶	布尔运算建左墙支柱	楼体框架
玻璃幕墙、水平和竖直隔板		大门造型

【实训步骤】

1. 创建楼顶

（1）制作楼顶平面。在透视图中绘制长方体1（长为50，宽为90，高为1.5）作为楼顶平面。

（2）制作楼顶弯曲造型。将长方体1复制一个并命名为长方体2，设长为10，宽为90，高为1.5。并设长方体2的长、宽、高分段值均为10。为长方体2添加"弯曲"修改器，其角度为50，弯曲轴为X，调整方向，按住Shift键向左复制一个弯曲的长方体3，如图实1-1所示。

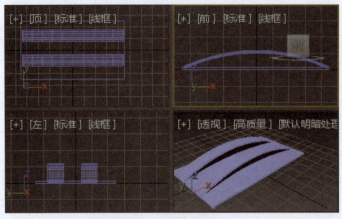

图实1-1　楼顶弯曲造型

（3）制作楼顶中心造型。在顶视图两个长方体中间创建一个切角长方体（长为16，宽为37，高为4，圆角为2），长、宽、高的分段值均为10。添加"弯曲"修改器，弯曲角度为10，弯曲轴为Z，镜像复制一个长方体，调整位置，效果如图实1-2所示。

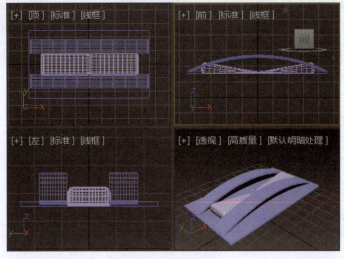

图实1-2　楼顶效果

（4）选中所有楼顶部件，执行"组"→"成组"菜单命令，并将组名设为"楼顶"。

2.绘制楼体左右墙

（1）在顶视图中绘制一个长为30，宽为5，高为5的长方体，再将此长方体旋转90°复制一个，则成为一个"十字架"，如图实1-3所示。在前视图将此"十字架"沿Y轴（增量为10）阵列复制3个，此时透视口效果如图实1-4所示。

（2）将所有十字架塌陷为一个整体。选中所有"十字架"，依次单击 ![图标]（实用程序面板）→ 塌陷 → 塌陷选定对象 按钮，则将选中的物体塌陷为一个整体。

（3）绘制一个长为19，宽为15，高为65的长方体作为楼体支柱，如图实1-5所示。将

"十字架"置于长方体的顶部三分之一处,将楼体支柱与"十字架"进行布尔复合运算建模,结果如图实1-6所示。

图实1-3　十字造型　　　　图实1-4　阵列复制后效果

（4）绘制一个长、宽、高都为14的长方体,放在支柱最底部,再将楼体与此长方体进行布尔复合建模,效果如图实1-7所示。

（5）选中楼体支柱,在顶视图沿Y轴镜像复制一个,再绘制一个长为10,宽为15,高为62,圆角为1的切角长方体,并将两个支柱和切角长方体排成一行,透视效果如图实1-8所示,此时左面墙壁制作完毕,将左面墙壁所有模型组合成"左墙"。

图实1-5　楼房主体　　图实1-6　布尔运算结果　　图实1-7　底部布尔运算　　图实1-8　左墙

（6）选中"左墙",复制一份得到右墙,调整楼顶的位置,形成楼体框架如图实1-9所示。

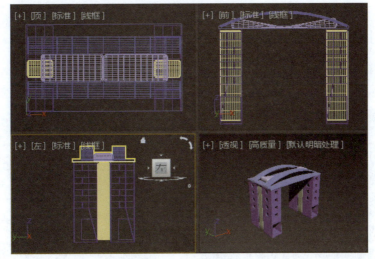

图实1-9　楼体框架

3.制作楼体前面墙壁

（1）绘制玻璃幕墙。创建一个长为45，宽为58，高为65的长方体作为玻璃幕墙，放在楼体两个支柱中间，效果如图实1-10所示。

图实1-10　玻璃幕墙

（2）绘制水平分隔板。在前视图中绘制长为0.8，宽为63，高为3，圆角为1的切角长方体作为幕墙上的水平分隔板，再复制几份，并调整位置，如图实1-11所示。

（3）绘制垂直分隔板。按步骤（2）的方法绘制垂直分隔板，并调整其大小、位置，结果如图1-12所示。

图实1-11　水平分隔板

图实1-12　垂直分隔板

4.制作大门造型

在前视图绘制线条，如图实1-13所示。为线条添加"挤出"修改器，数量为15，再添加"壳"修改器，透视图效果如图实1-14所示。

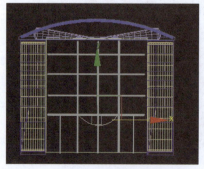

图实1-13　大门线条

图实1-14　大门效果

5.渲染输出与保存

（1）设置透视口环境贴图为"实训一\素材\办公楼素材2.jpg"，然后按F9键快速渲染，效果如图实1-15所示。

（2）按Ctrl+S快捷键保存模型，并命名为"办公楼.max"。

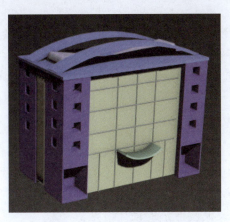

图实1-15　办公大楼最终效果

模块六 动画材质基础

模块综述

　　"三分建模，七分材质"，这句行话道出了虚拟三维世界中逼真展现物体外观，做到神形兼备的秘籍。本模块通过制作简略茶几、化妆瓶贴图等实例来讲述材质与贴图的流程，进而详细介绍3ds Max的材质基础知识。

学习完本模块后，你将能够：

- 掌握"精简材质编辑器"的使用方法；
- 掌握标准材质中明暗器类型、材质参数及材质通道的使用方法；
- 掌握常见的玻璃、不锈钢、陶瓷等基本材质的制作方法；
- 掌握UVW贴图及贴图通道的使用方法。

微课

学习任务一 简略茶几——材质的认识与应用

【任务概述】

　　透明的玻璃、发亮的不透钢、熟透的香蕉……这一切逼真效果，不再是模型，而是真实物品的拍照。其实这都是材质与贴图的功劳，本任务将介绍材质编辑器和常见材质的设置方法，将生硬的模型转换为灵气的现实物体。

【任务目标】

　　通过制作简略茶几模型的材质贴图实例，学习材质编辑器面板的使用、材质参数的设置方法，以及光线跟踪材质、多维/子对象材质、金属材质的使用方法。

【任务制作思路】

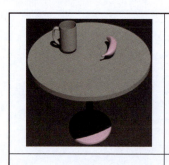

模型	桌面：玻璃材质	支架：不锈钢材质
	陶瓷茶杯：多维/子对象材质	香蕉：位图贴图

【预备知识】

材质编辑器

材质编辑器的主要功能是制作、编辑材质和贴图。在3ds Max 2018版本中材质编辑器有下面两种：

• 精简材质编辑器：界面简单直观，操作方便，适合制作简单模型的材质。

• Slate材质编辑器（也称板岩材质编辑器）：功能强大，采用节点编辑模式，在设计和编辑材质时，它使用节点、连线、列表等方式来显示材质的结构，适合设计制作大型而复杂的材质。

材质编辑器的打开方法如下：

（1）单击主工具栏中的 按钮或按M键，打开3ds Max 2018的材质编辑器，其是"Slate材质编辑器"，如图6-1-1所示。

图6-1-1　Slate材质编辑器

（2）切换到"精简材质编辑器"。在材质编辑器中执行"模式"→"精简材质编辑器..."菜单命令，打开"精简材质编辑器"，如图6-1-2所示。

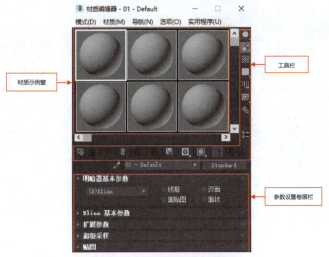

图6-1-2　精简材质编辑器

图6-1-3 简略茶几模型

【任务步骤】

1.打开模型文件

启动3ds Max 2018应用软件, 打开"模块六\源文件\简略茶几模型.max"文件,透视图如图6-1-3所示。

2.制作茶几桌面的玻璃材质

（1）创建材质。选中茶几桌面,打开"精简材质编辑面板",选择一个空白材质球,将命名框中的"01-Default"改名为"桌面",单击 Standard （标准）材质按钮,在弹出的"材质/贴图浏览器"对话框展开"材质/扫描线"选项,双击"光线跟踪"材质,如图6-1-4所示。

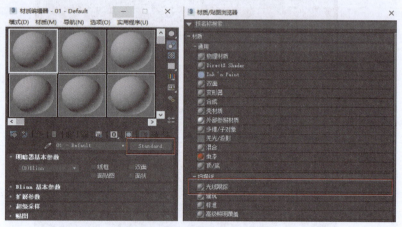

图6-1-4 光线跟踪材质

（2）设置"光线跟踪基本参数"。设置"漫反射"的RGB值为（20, 20, 20）,使该材质呈现轻微反射;设置"透明度"的RGB值为（250, 250, 250）,如图6-1-5所示,展开"光线跟踪器控制"卷展栏,设置参数如图6-1-6所示。

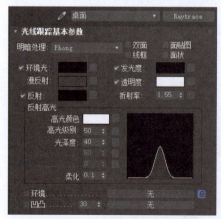

图6-1-5 光线跟踪基本参数

图6-1-6 光线跟踪器控制面板

（3）观察材质球。单击材质编辑器右边的"背景透明"工具按钮，此时可见材质示例球呈现透明材质，如图6-1-7所示。

（4）将材质赋给模型。选中"桌面"对象，单击 ⚏ 按钮将材质指定给选定对象，激活透视图，按F9键快速渲染，效果如图6-1-8所示。

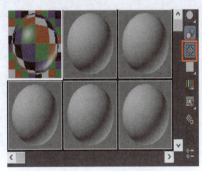

图6-1-7　桌面材质球

图6-1-8　玻璃材质效果

提示：

• 环境光：具有均匀的强度，一般用于设置对象阴影部分的颜色。

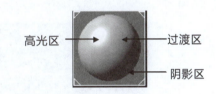

• 漫反射：漫反射颜色是当光线投射到对象上面时反映出来的颜色，可理解为物体本身的颜色，也可选择位图来代替颜色。

• 高光反射：物体发光表面高亮显示部分颜色。如将高光颜色设置成与漫反射颜色相符，可以降低材质的光泽度，达到无光效果。

• 高光级别：影响反射高光的强度。该值越大，反射强度越强。

• 光泽度：影响反射高光区域的大小。该值越大，反光区域越小。

• 柔化：设置反光区域和无反光区域衔接的柔和度。0表示没有柔化，1表示最大柔化，默认值为0.1。

3.制作茶几支架的不锈钢材质

（1）制作金属材质。在"精简材质编辑器"中选择一个空白材质球，命名为"支架"。在"明暗器基本参数"选择"金属"，如图6-1-9所示。

（2）设置"金属基本参数"。单击"金属基本参数"卷展栏的 ⚏ 按钮，将"环境光"和"漫反射"项解除锁定。调节"环境光"RGB值为（100,100,100），"漫反射" RGB值为（220,220,220）；"高光级别"值为96，"光泽度"值为70，如图6-1-10所示。

（3）制作金属反射效果。展开"贴图"卷展栏，单击"反射"右边的"None"按钮，在"材质/贴图浏览器"中双击"光线跟踪"，为其加入"光线跟踪"贴图，如图6-1-11所示。

图6-1-9　金属材质及参数

图6-1-10　反射与光线跟踪

（4）设置光线跟踪器参数。单击 按钮返回上级目录，如图6-1-11所示，设置反射数量值为30，如图6-1-12所示。

图6-1-11　设置光线跟踪器参数

图6-1-12　设置贴图通道数量

提示："数量"值决定了反射效果的强弱，数值越大反射越强烈。由于"光线跟踪"反射效果比较强，所以在这里将参数值设置得小一些，效果更好。

（5）将材质赋给模型。选中支架对象，单击 按钮将材质赋给支架，按F9键快速渲染，透视图效果如图6-1-13所示。

图6-1-13　不锈钢材质效果

4.制作茶杯的陶瓷材质

提示：茶杯由杯身和杯柄构成，需分别为其赋予不同的材质，而茶杯是个整体，因此需要先为这两部分设置不同的材质ID号，然后用"多维/子对象"材质来实现。

（1）设置杯身材质编号。选择 "茶杯"模型，在"修改"面板中进入"多边形"子对象级别，选择茶杯杯身部分，设置材质ID号和选择ID号均为1，如图6-1-14所示。

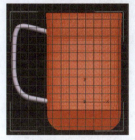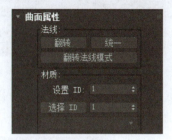

图6-1-14　设置茶杯杯身材质编号

（2）设置杯柄材质编号。选择杯柄部分(反选，Ctrl+I快捷键)，设置材质ID号和选择ID号均为2，如图6-1-15所示。

图6-1-15　设置茶杯杯柄材质编号

（3）选择一个空白材质球，命名为"茶杯"，单击　Standard　按钮，在 "材质/贴图浏览器"中展开"材质"选项，双击"多维/子对象"材质，在弹出的"替换材质"对话框中单击"丢弃旧材质"选项，如图6-1-16所示。

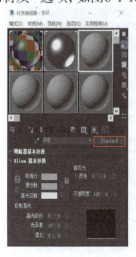

图6-1-16　设置"多维/子对象"材质

（4）设置"多维/子对象"材质数量。单击"多维/子对象基本参数"中的"设置数量"按钮，在弹出的"设置材质数量"对话框中输入2，此时多维/子对象基本参数如图6-1-17所示。

图6-1-17　多维/子对象数量

（5）设置材质1参数。在ID号为1的"名称"中输入"杯身"，单击右边的"无"按钮，进入子材质1，选择"标准"材质，按如图6-1-18所示设置材质1。

漫反射：白色；
高光反射：RGB
（30，30，30）

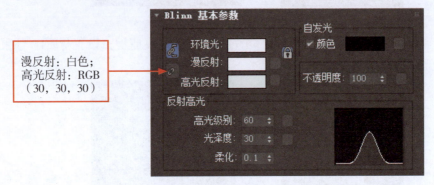

图6-1-18　材质1设置面板

（6）设置材质1贴图。展开"贴图"卷展栏，单击"反射"→"贴图类型"按钮，为其加入"光线跟踪"贴图，设置贴图强度值为10。

（7）设置材质2。单击 按钮，返回"茶杯"材质的总层级，然后在材质ID号为2的"名称"中输入"杯柄"，单击右边的 无 按钮，添加"光线跟踪"材质，设置面板如图6-1-19所示。

漫反射(120，120，120)
反射(230，230，230)

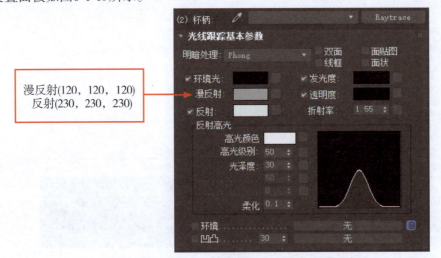

图6-1-19　材质2设置面板

（8）设置材质2贴图。展开"贴图"卷展栏，单击"反射"→"贴图类型"按钮，为其加入"光线跟踪"贴图，设置贴图强度值为10。

（9）将材质赋给杯子。选中杯子，单击 ![按钮]按钮将材质赋给杯子，透视口渲染效果如图6-1-20所示。

图6-1-20　陶瓷材质效果

5.制作香蕉材质

（1）选中一个空白材质球，命名为"香蕉"，在"明暗处理"中选择"各向异性"，并设置"高光级别"为28，"光泽度"为20，如图6-1-21所示。

（2）制作香蕉表面纹理。展开"贴图"卷展栏，单击"漫反射"通道右边"None"按钮，指定设置贴图类型为"模块六\材质\香蕉.jpg"文件；在"凹凸"通道指定相同的图片，增加香蕉表面的凹凸感，如图6-1-22所示。

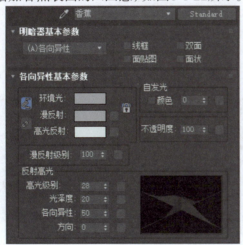

图6-1-21　香蕉基本材质

图6-1-22　香蕉表面纹理贴图

（3）设置贴图UV。展开"漫反射颜色\坐标"卷展栏，设置U向"偏移"值为0.1，如图6-1-23所示。

（4）选中香蕉模型，单击 ![按钮]按钮将材质赋给香蕉，透视图中的渲染效果如图6-1-24所示。

图6-1-23　设置UV坐标

图6-1-24　贴图效果

6.保存文件

材质制作完毕,按Ctrl+S快捷键保存文件,并命名为"简略茶几.max"。

知识链接.................

材质编辑器

材质可以简单理解为"质感和纹理"两个最基本的内容。质感通常由"明暗器"类型来体现,纹理由"贴图"来反映。因此,材质的设计制作可以简化为指定"明暗器"类型和设置基本参数。

1.设置材质的基本步骤

指定材质名称→选择材质类型→设置各种参数→为贴图通道选定合适的图片,并调整参数→如有需要,调整UV贴图坐标,以便定位对象的贴图→将材质应用于对象,渲染查看效果,如不满意,返回调整参数→保存材质。

2.Slate材质编辑器

Slate材质编辑器是3ds Max 2018中强大的材质编辑器,如图6-1-25所示。

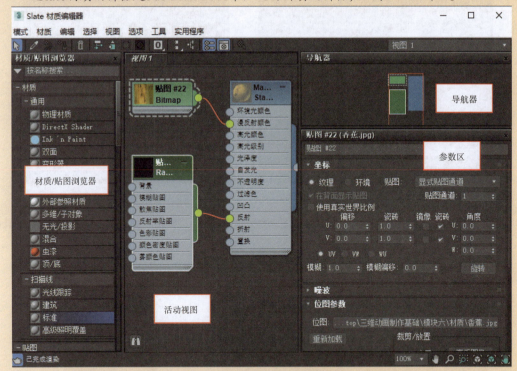

图6-1-25　Slate材质编辑器

3.标准材质编辑器

标准材质是3ds Max默认的材质,也是使用频率最高的材质之一,其参数设置面板如图6-1-26所示。

● 明暗器基本类型:包括"线框""双面""面贴图"和"面状"等附属参数。

• Blinn基本参数：因明暗器的选择而变化的面板，是制作材质的主要场所。

　扩展参数：设置材质透明度、反射和折射率的控制参数、线框模式的单位和大小。

　扩展参数：设置材质高级透明度、反射暗淡和设置线框模式的单位和宽度。

• 超级采样：3ds Max中几种抗锯齿技术之一，在渲染非常平滑的反射高光、精细的凹凸贴图时有用，但不要使用光线跟踪的反射和折射，以避免重复计算，浪费时间。

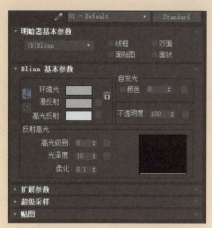

图6-1-26　标准材质面板

• 贴图：表现材质纹理、色泽或图案效果。

4. 其他各种材质类型

（1）光线跟踪材质

光线跟踪材质是一种非常优秀的材质，它在模拟非常真实的光线反射与折射效果的同时，还可以逼真地表现雾效、荧光、透光（如薄纸的透光效果）等各种特效，如本实例中的茶几桌面玻璃材质。

（2）多维/子对象材质

多维/子对象材质能够使一个模型同时拥有多种材质，并且模型的每一种材质都有一个不同的ID号。模型中的ID号事先设置好，各个ID的材质才会自动赋予模型中对应的ID部分，因此在使用"多维/子对象材质"前，可使用"编辑网格"等命令为不同多边形对象指定ID号，以便将子材质的ID号与子对象的ID号对应起来。

（3）混合材质

混合材质也称融合材质，是指将两种不同的材质混合在一起使用。"混合量"是根据该数值控制两种材质表现出的强度，并可制作材质变形动画；而通过"遮罩"进行混合是指定一张图像作为混合的遮罩，利用它本身的明暗度来决定两种材质混合的程度。

（4）顶/底材质

为对象指定两种不同的材质，一个位于顶部，另一个位于底部，中间交界处可以产生浸润效果，它们所占据的比例可以调节，"顶"与"底"指法线的上部和下部，如图6-1-27所示。

（5）合成材质

图6-1-27　顶/底材质效果

合成材质的原理是通过层级的方式进行材质的叠加，使用相加不透明度、相减不透明度来组合材质，或使用数量值来混合材质，以实现更加丰富的材质效果。材质的叠加顺序是从上到下的，可以合成10种材质。合成材质使用较广泛，比如可用其制作水印等。

（6）双面材质

双面材质可以为对象的内外表面设置不同的材质，并可以控制其透明度。该材质适合用于比较薄或可忽略厚度的对象，如纸牌、明信片、地图或一些容器等；克服了标准材质中的"双面"参数渲染后对象的两面都是一样效果的缺点，如图6-1-28所示。

（7）壳材质

壳材质是为"渲染到纹理"功能提供的材质类型，它的作用是将渲染到贴图命令产生的贴图再贴回物体造型中，在复杂的场景渲染中可大幅度提高渲染速度。

（8）建筑材质

建筑材质的设置是物理属性，因此当与光度学灯光和光能传递一起使用时，其能够提供最逼真的效果。借助这种功能组合，可以创建精确性很高的照明研究，如图6-1-29所示。

图6-1-28　双面材质效果

图6-1-29　建筑材质效果

拓展练习·············

1.给玻璃水杯模型贴材质，如图6-1-30所示。

操作提示：

（1）打开"模块六\拓展练习\玻璃杯.max"。

（2）选中玻璃杯，打开材质编辑器，Standard为光线跟踪模式，设置光线跟踪基本参数值，"反射"的RGB值都为26，"透明度"为白色，其余值为默认。

图6-1-30　玻璃水杯模型与材质效果

2.给帽子模型设置材质,如图6-1-31所示。

操作提示:

（1）帽子对象"明暗器基本参数"为Blinn,"漫反射"的RGB值为（50,120,200）;在"贴图"卷展栏选择"漫反射颜色",出现"材质/贴图"对话框时,双击"位图",选择"模块六\拓展练习\蓝色布纹.jpg","凹凸"通道"位图"模式贴图,选择"模块六\拓展练习\浅色布纹.jpg"。

图6-1-31 帽子效果

（2）装饰物对象"明暗器基本参数"为金属,环境光的RGB值设置为(250,180,30);贴图卷展栏"漫反射"的RGB值为(220,200,80),"反射"贴图通道设置为"光线跟踪",数量设置为30。

（3）桌面对象"明暗器基本参数"为Blinn,贴图卷展栏"漫反射"通道"位图"模式,选择"模块六\拓展练习\木纹2-2.jpg","反射"贴图通道设置为"光线跟踪",数量设置为30。

学习任务二 精致化妆瓶——UVW贴图的应用

微课

【任务概述】

只有材质与贴图的无缝配合才能制作出完美丰富的材质效果。本任务将介绍使用3ds Max 2018中提供的多种贴图方法、贴图坐标来打造逼真的三维物品。

【任务目标】

通过制作精致化妆瓶实例,学习"位图贴图""程序贴图"与"UVW贴图"的设置方法与技巧。

【任务制作思路】

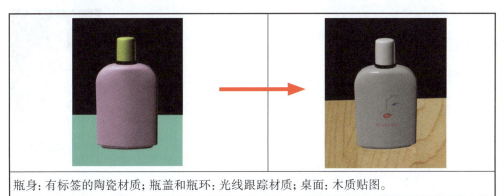

瓶身:有标签的陶瓷材质;瓶盖和瓶环:光线跟踪材质;桌面:木质贴图。

【预备知识】

图6-2-1 贴图方式

UVW贴图坐标

为了与物体的XYZ坐标系统区分开，3ds max 贴图采用了相对独立的坐标系统——UVW坐标系统（U：水平维度，V：垂直维度，W：深度）。每个物体在创建初期都拥有独立的默认贴图坐标系统，也可以通过"UVW贴图"修改器提供的7种贴图方式来修改，如图6-2-1所示，以达到精确的贴图效果。

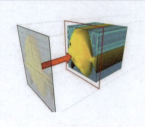	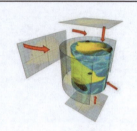	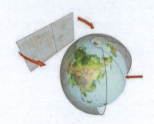
平面：将贴图沿平面映射到对象表面，适用于平面贴图	**柱形**：将贴图沿圆柱侧面映射到对象表面，只用于柱体贴图	**球形**：将贴图沿球体内表面映射到对象表面，适用于球体或类球体贴图
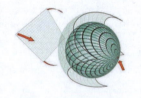	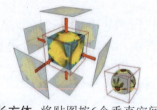	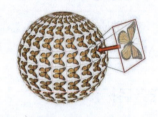
收缩包裹：将整个图像从上向下包裹住整个对象表面，适用于球体或不规则物体贴图	**长方体**：将贴图按6个垂直空间平面，将贴图分别映射到对象表面，常用于建筑物的快速贴图	**面**：将贴图直接为对象的每个表面进行平面贴图
XYZ到UVW：适配3D程序贴图坐标到UVW贴图坐标，能将3D程序贴图锁定到对象表面		

【任务概述】

1.打开模型文件

启动3ds Max 2018，打开"模块六\源文件\化妆瓶模型.max"文件，如图6-2-2所示。

图6-2-2 化妆瓶模型

2.制作瓶身材质

（1）选中瓶身，为其添加 "UVW贴图"修改器，贴图方式为"平面"，如图6-2-3所示。

（2）在材质编辑面板中，选择一个空白材质球，命名为"瓶身"，单击 Standard 按钮，如图6-2-4所示。

图6-2-3　添加"平面"贴图

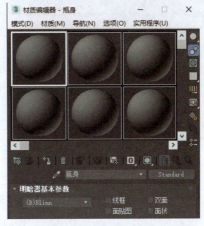

图6-2-4　选定并命名材质球

（3）在"材质/贴图浏览器"对话框中双击"合成"材质，选择"丢弃旧材质"，如图6-2-5所示，在"合成基本参数"中双击基础材质右边的（ Standard ）按钮，如图6-2-6所示。

（4）设置瓶身材质参数。"漫反射"的RGB值为（150，150，150），"高光级别"为260，"光泽度"为80，如图6-2-7所示。

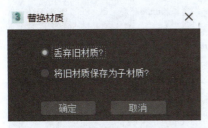

图6-2-5　替换材质

图6-2-6　合成基本参数面板

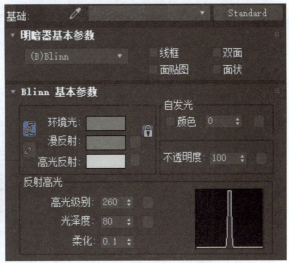

图6-2-7　瓶身材质参数

（5）展开"贴图"卷展栏，为"反射"贴图通道加入"光线跟踪"贴图，贴图通道数量为10。为"凹凸"贴图通道加入"噪波"贴图，设置噪波参数"大小"为0.2；凹凸通道数量为30，如图6-2-8所示。

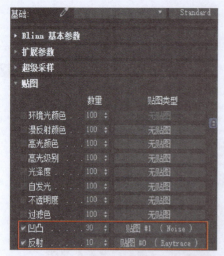

图6-2-8 反射和凹凸贴图

（6）设置瓶身材质1的参数。单击 返回"瓶身"材质的总层级，单击"材质1"后的"None"按钮，在"材质/贴图浏览器"对话框中双击"标准"材质，如图6-2-9所示。

（7）将材质命名为"标签图案"，并设"高光级别"为260，"光泽度"为80，再单击"漫反射"后的按钮，选择"模块六\材质\beautifulcolor.jpg"文件，在"坐标"参数下取消"瓷砖"下的两个勾选，为"漫反射"贴图通道加入一张位图，如图6-2-10所示。

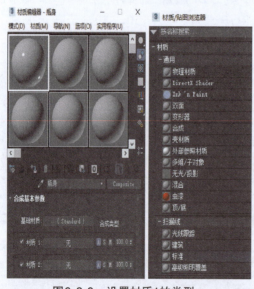

图6-2-9 设置材质1的类型

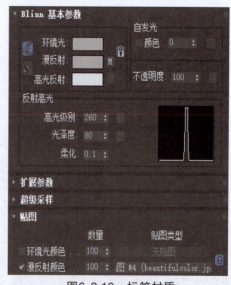

图6-2-10 标签材质

（8）单击 赋材质给瓶身，单击 按钮，可看到图案已经贴在瓶身上，如图6-2-11所示。

（9）进入修改器面板中的"UVW贴图"修改器的"Gizmo"子对象级别，如图6-2-12所示。在场景中选择标签图片，使用"缩放"工具，调节图片大小，如图6-2-13所示。

图6-2-11　标签效果

图6-2-12　调整UVW贴图

图6-2-13　调节图片

(10)按F9键渲染，效果如图6-2-14所示，标签图片与瓶身分离，有生硬之感，效果不理想。

（11）调整标签图片。回到材质编辑器中，展开"贴图"卷展栏，用鼠标拖动"漫反射颜色"贴图通道的按钮到"不透明度"贴图通道选项后的按钮上释放，在弹出的"复制（实例）贴图"对话框中选择"复制"选项，如图6-2-15所示。

图6-2-14　透视口渲染效果

图6-2-15　复制材质

(12)单击"不透明度"贴图通道，将图片替换为"模块六\材质\beautifulbw.jpg"文件，如图6-2-16所示，单击 返回上级，结果如图6-2-17所示。

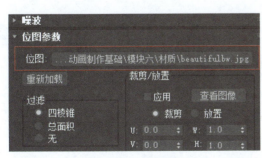

图6-2-16　替换位图

图6-2-17　复制材质效果

提示： 拖动复制可以不再设置"不透明度"贴图通道中的图片大小，直接位图替换即可。

（13）单击按钮将材质赋予瓶身，渲染瓶身效果如图6-2-18所示。

图6-2-18　瓶身效果

3.制作瓶盖的光线跟踪材质

（1）选中瓶盖，在"材质编辑器"中选择一个空白材质球，命名为"瓶盖"。单击 `Standard` 按钮，再双击"光线跟踪"材质。

（2）设置光线跟踪基本参数。设置"高光级别"为400，"光泽度"为60，"漫反射"为(240, 240, 240)，"反射"为(30, 30, 30)，使瓶盖具有微弱的反射效果。"凹凸"贴图通道加入"噪波"贴图，并设置"噪波参数"卷展栏中的"大小"为0.1，凹凸通道的强度为50，如图6-2-19所示。

（3）单击按钮将材质赋予瓶盖。

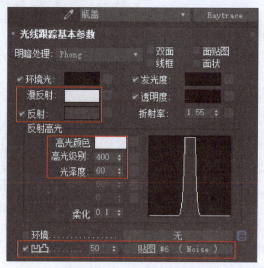

图6-2-19　瓶盖材质参数

4.制作瓶环的光线跟踪材质

（1）选中瓶盖，在"材质编辑器"中选择一个空白材质球，命名为"瓶环"。单击 `Standard` 按钮，再双击"光线跟踪材质"。

（2）设置光线跟踪基本参数。明暗器：金属，"漫反射"为(250,220,130)，"反射"为(40,40,40)，"高光"为260，"光泽度"为80，使瓶环具有轻微的反射效果，如图6-2-20所示。

（3）单击将材质赋予瓶盖。

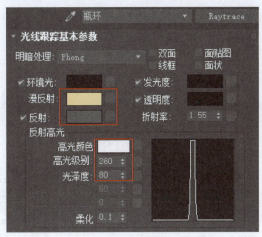

图6-2-20　瓶环的光线跟踪参数

5.设置桌面材质

（1）选中桌面模型，在"材质编辑器"中选择一个空白材质球，改名为"桌面"，为桌面赋予标准材质。设置"高光级别"为100，"光泽度"为50，如图6-2-21所示。

（2）为"漫反射颜色"和"凹凸"贴图通道添加 "模块六\材质\木纹3.jpg"文件，并设置"漫反射颜色"数量为100，"凹凸"数量为80。再给"反射"贴图颜色通道加入"光线跟踪"贴图，并设置数量为20，如图6-2-22所示。

（3）单击 按钮，将材质赋予桌面。

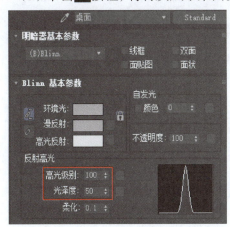

图6-2-21　桌面基本参数

图6-2-22　桌面贴图参数

6.渲染与保存

（1）按F9键渲染，透视图效果如图6-2-23所示。

（2）按Ctrl+S快捷键保存文件，并命名为"化妆瓶完成效果.max"。

图6-2-23　化妆瓶最后效果

贴图与贴图方法

1.贴图

贴图是材质属性体现的一种方式,是将图形附着在物体的表面,,使物体的表面出现一定色泽、纹理、光亮或图案等,只有贴图和材质的配合才能创造出完美丰富的材质效果。

2.贴图通道

贴图通道就是放置贴图的地方,下面以光线跟踪基本参数为例来介绍贴图通道,如图6-2-24所示。

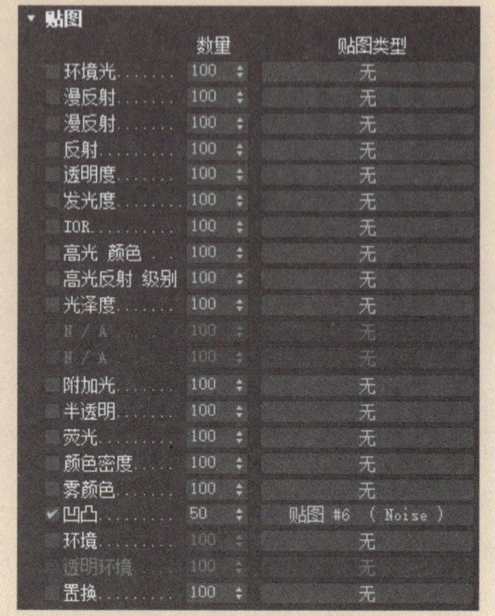

●"漫反射颜色"贴图通道:用于表现材质的纹理。

●"高光颜色"贴图通道:物体的高光处显示出的贴图效果。

●"高光级别"贴图通道:使用位图或程序贴图来改变物体高光部分的强度。

●"光泽度"贴图通道:使用位图或程序贴图来影响高光出现的位置。"高光级别"与"光泽度"贴图通道使用同一张贴图,以达到最佳效果。

●"不透明度"贴图通道:利用图像的明暗度在物

图6-2-24 贴图通道

体表面产生透明效果,纯黑色的区域完全透明,纯白色的区域完全不透明。

●"凹凸"贴图通道:通过图像的明暗强度来影响材质表面的平滑程度,从而产生凹凸的表面效果,白色部分产生凸起,黑色部分产生凹陷,中间色产生过渡。

3.贴图类型

●"位图"贴图:3ds Max中可导入的位图支持多种格式,包括JPEG、BMP、GIF、PNG、PSD、TIFF等。

●"遮罩"贴图:使用一张图片作为遮罩,透过它显示上面的图片效果,遮罩图像本身的明暗强度将控制透明的程度。

●"合成"贴图:将多个图像组合一起,通过图像的Alpha通道或"输出数量"来控制彼此之间的透明度。

●"混合"贴图:将两种贴图混合在一起,通过"混合量"值可以调节其混合的程度。用此做动画,可以产生贴图形变的效果。

4.贴图方法

平铺：可以创建砖、彩色瓷砖墙纸和其他重复的设计	**棋盘格贴图**：产生两色方格交错的图案，或两个贴图进行交错。如砖墙、地板砖和瓷砖等有序的纹理	**渐变贴图**：从一种颜色到另一种颜色进行明暗处理。为渐变指定两种或3种颜色；3ds Max 将插补中间值
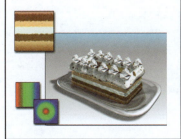	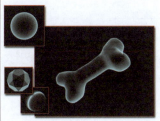	
渐变坡度贴图：是与"渐变"相似的 2D 贴图，也从一种颜色到另一种颜色进行着色。但它有许多自定义渐变的控件，几乎任何"渐变坡度"参数都可以设置动画	**衰减贴图**：基于几何体曲面上面法线的角度衰减来生成从白到黑的值	**细胞贴图**：用于各种视觉效果的细胞图案，包括马赛克瓷砖、鹅卵石表面甚至海洋表面

拓展练习 ......

1.利用本任务的方法制作如图6-2-25所示的熔岩星球。

操作提示：

（1）设置球体模型的"漫反射颜色"贴图通道为"衰减"程序贴图。

（2）设置"衰减参数"中 "前:侧" 为"细胞贴图"。

（3）球体模型"自发光"贴图通道中为"细胞贴图"。

2.利用本任务的方法制作如图6-2-26所示的酒瓶。

操作提示：

（1）瓶体："光线跟踪"材质、玻璃类型。

（2）瓶盖：半透明材质。

（3）桌面贴图：玉石图片。

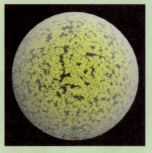
图6-2-25 熔岩星球效果

图6-2-26 玻璃瓶效果

模块测试········

一、理论测试

1.材质编辑器的功能是_____、_____材质和_____。

2.3ds Max 2018版本中材质编辑器两种：_____和_____。

3.材质可以简单理解为质感和纹理，而质感通常由_____类型来体现，纹理则由_____来反映。

4.在材质编辑面板中，明暗器基本类型包括_____、_____、_____和"面状"等附属参数。

5.使用_____前，必须使用"编辑网格"命令为不同多边形对象指定ID号，将子材质的ID号与子对象的ID号对应起来。

6.3ds Max提供了7种贴图坐标方式,分别是_____、_____、_____、_____、_____、_____、_____。

二、操作测试题

牛顿撞撞球，如图6-2-27所示。

操作提示：

（1）牛顿撞撞球模型"底板"为木质材质。

（2）支架和钢球为金属材质，但高光的强度和位置不同。

（3）钢球连线为塑料材质。

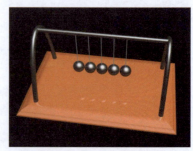
图6-2-27 牛顿撞撞球

实训二　书桌一角——材质与贴图的综合实例

【实训目的】

(1)掌握"多维/子对象"材质的设置方法；

(2)掌握"双面"材质的设置方法；

(3)掌握"UVW展开贴图"的设置方法；

(4)掌握"顶/底"材质的具体应用。

【实训内容】

给"书桌一角"模型设置材质。

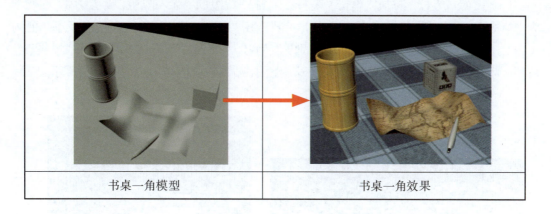

| 书桌一角模型 | 书桌一角效果 |

【实训步骤】

1.打开模型

执行"文件"→"打开"命令,打开"实训二\源文件\书桌一角模型.max"文件。

2.设置签字笔的 "多维/子对象"材质

(1)分配材质ID号。选择"签字笔"模型,进入"多边形"子对象级别,选择笔杆部分,设置材质ID号为1,如图实2-1所示。反选(Ctrl+I快捷键),将其余部分（笔挂和笔帽）的材质ID设为2,如图实2-2所示,这样就确定了签字笔两个部分的材质ID号。

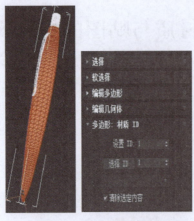

图实2-1　笔杆材质ID设置

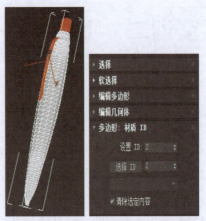

图实2-2　笔挂和笔帽材质ID设置

（2）设置"多维/子对象"材质。在"材质编辑器"中选择一个空白材质球，命名为"签字笔"，在"多维/子对象基本参数"栏设置子材质数量为2，名称分别改为"笔杆"和"笔挂笔帽"，如图实2-3所示。

（3）设置"笔杆"材质。单击"笔杆"子材质右边的"无"按钮，设置其材质类型为"标准"，"明暗器基本参数"为"Phong"，其"Phong基本参数"的"漫反射"值为（192，192，192），反射高光的"高光级别"值为40，"光泽度"值为20，再展开"贴图"卷展栏，为"反射"贴图通道加入"光线跟踪"贴图，贴图强度值为10，如图实2-4所示。

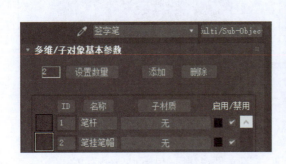

图实2-3　设置"多维/子对象"材质参数

图实2-4　"笔杆"材质

（4）设置"笔挂笔帽"材质。返回"签字笔"材质的总层级，单击"笔挂笔帽"子材质右边的"无"按钮，设置其材质类型为"标准"，其"明暗器基本参数"为"金属"，"金属基本参数"的"漫反射"值为（192，192，192），反射高光的"高光级别"值为160，"光泽度"值为60，如图实2-5所示。此时，钢笔材质的设置完成，如图实2-6所示，单击▓按钮，将材质赋予模型，效果如图实2-7所示。

图实2-5 "笔挂和笔帽"材质

图实2-6 签字笔"多维/子对象"材质

图实2-7 签字笔效果

3.设置地图的"双面"材质

（1）选中"地图"模型，选择一个空白材质球，命名为"地图"，单击按钮，双击"双面"材质，选择"丢弃旧材质"，单击"确定"按钮后显示如图实2-8所示的双面材质参数。

（2）单击"正面材质"选项后的按钮,为"漫反射颜色"贴图通道加入"实训二\材质\地图正面.jpeg"文件贴图,其他参数为默认值。

（3）返回到"双面"材质总层级,单击"背面材质"后的按钮,为"漫反射颜色"贴图通道加入一张"实训二\材质\地图背面.jpeg"文件贴图,其他参数为默认值。

（4）单击■按钮,将材质赋予地图,效果如图实2-9所示。

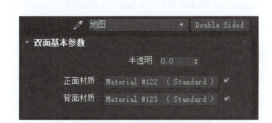

图实2-8 双面材质面板

图实2-9 地图效果

4.设置墨水瓶盒的UVW展开贴图

（1）选择"墨水瓶盒"模型,为其添加一个"UVW展开"修改器。展开UVW,进入"多边形"子对象级别,框选长方体,选择所有多边形,如图实2-10和图实2-11所示。

（2）单击"打开UV编辑器"按钮,如图实2-12所示,在弹出的"编辑UVW"窗口中框选所有顶点,如图实2-13所示,然后使用"缩放"工具,缩放所有面,如图实2-14所示。

图实2-10　UVW修改面板

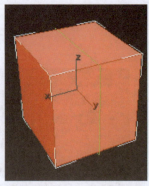
图实2-11　选择长方体所有面

图实2-12　UV编辑器

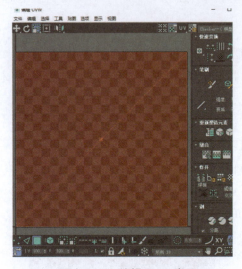
图实2-13　编辑UVW窗口

图实2-14　缩放所有面效果

（3）在"编辑UVW"窗口中执行"贴图"→"展开贴图"菜单命令，在弹出的对话框中单击"确定"按钮，如图实2-15所示，得到墨水瓶盒的UV展开图，如图实2-16所示。

图实2-15　"展开贴图"对话框

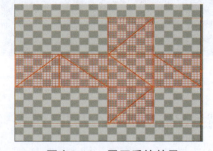
图实2-16　展开后的效果

提示："编辑UVW"窗口中"贴图"菜单有3个选项：展平贴图、法线贴图和展开贴图，可以多试试，以选取最适合的模式。

（4）在"材质编辑器"窗口中选择一个空白材质球，命名为"墨水瓶盒"，材质设置为"标准"材质。在"漫反射"贴图通道上加入"实训二\材质\墨水瓶盒.jpeg"文件贴图，并把材质赋予长方体。

（5）在"编辑UVW"窗口中，单击工具栏 Checker…（棋盘格）▼ 下拉菜单中的"拾取纹理"选项，在弹出的"材质/贴图浏览器"对话框中，选择"位图"类型，打开"实训二\材质\墨水瓶盒.jpeg"文件，如图实2-17所示。

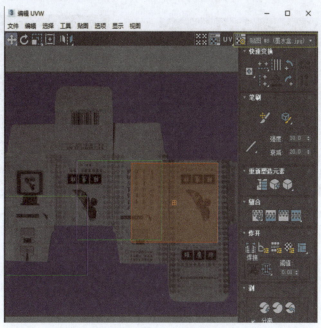

图实2-17　设置贴图

（6）在"编辑UVW"窗口中调整矩形框的位置。进入"多边形"模式，选择矩形框，执行"工具"→"断开"菜单命令，如图实2-18所示，然后移动错开，重复操作，让6个面位于图片不同位置；任意选择一个矩形框，在场景中模型的对应面也被选中，由此可判断出二者的对应关系，根据这一关系调整矩形框与位图的对应位置。

图实2-18　调整方形与位图的对应关系

（7）调整好方形与位图的对应关系后，单击"点" 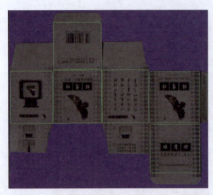模式，分别调整各方形与位图相应部分的大小对应关系。如果方向不对，可以使用"编辑UVW"窗口左侧"快速变换"工具中的旋转按钮，调整好对应位置，如图实2-19所示。

（8）关闭"编辑UVW"窗口，回到场景中渲染，渲染透视图效果如图实2-20所示。

图实2-19　微调贴图方形大小与位置

图实2-20　墨水盒效果

5.设置笔筒的"顶/底"材质

（1）选择"笔筒"模型，在"材质编辑器"中选择一个空白材质球，命名为"笔筒"，按下 `Standard` 按钮，双击"顶/底"材质，如图实2-21所示。

图实2-21　"顶/底"材质参数

（2）单击"顶材质"选项后的按钮，设置"漫反射"值为（230，200，60），"高光级别"值为70，"光泽度"值为60，如图实2-22所示。为"漫反射颜色"贴图通道加入"实训二\材质\竹材质.jpeg"文件位图。再为"反射"贴图通道加入"光线跟踪"贴图，设置贴图强度值为10，如图实2-23所示。

（3）返回到"顶/底"材质总层级，按下"底材质"选项后的按钮，设置"漫反射"值为（210，200，150），"高光级别"值为100，"光泽度"值为60，如图实2-24所示，再为"漫反射颜色"贴图通道加入"实训二\材质\竹材质.jpeg"文件贴图，同时为"反射"贴图通道加入"光线跟踪"贴图，并设置贴图数量值为10，如图实2-25所示。

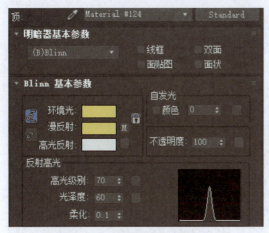

图实2-22 "顶材质"基本参数

图实2-23 "顶材质"贴图

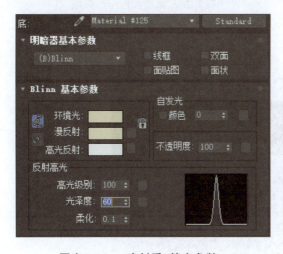

图实2-24 "底材质"基本参数

图实2-25 "底材质"贴图

（4）返回"顶底"材质总层级，设置"混合值"为40，"位置"值为50，如图实2-26所示。至此，笔筒材质设置完成，单击"将材质指定给选定对象"按钮，将材质赋予笔筒，透视图渲染效果如图实2-27所示。

图实2-26 "顶底"材质参数

图实2-27 笔筒材质效果

6.设置桌面的桌布贴图

选择"桌面"模型。选择一个空白材质球，命名为"桌面"，给"漫反射颜色"贴图通道添加"实训二\材质\布料.jpg"文件贴图，如图实2-28所示，设置"坐标"卷展栏中，把桌布UV方向上的"瓷砖"（即平铺）值均设置为1.6，如图实2-29所示。

图实2-28　桌面贴图材质

图实2-29　桌面贴图坐标参数

7.渲染与输出

渲染透视口效果如图实2-30所示，按Ctrl+S快捷键保存。

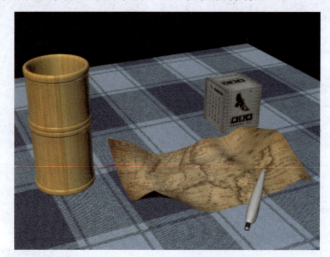

图实2-30　书桌一角最终材质效果

模块七　动画灯光摄影基础

模块综述

灯光和摄影机是构成场景的重要组成部分,光线与阴影是三维图形效果中不可缺少的元素,对象的质感需要通过照明得以体现。通过灯光能让场景产生明暗变化,营造气氛,摄像机能模仿人眼观察场景的角度和位置。本模块主要介绍设置灯光与摄像机的基础知识和方法。

学完本模块后,你将能够:

- 掌握摄影机的创建和调节方法;
- 掌握标准灯光的创建和调节方法;
- 掌握环境雾效的创建和调节方法;
- 掌握火焰特效的创建和调节方法。

学习任务一　小屋面面观——摄影机的应用

【任务概述】

"横看成岭侧成峰,远近高低各不同"恰如其分地描述了从不同角度观察三维物体产生的不同效果。在3ds Max中可以通过摄影机来模拟景深和运动模糊效果,本任务主要介绍摄影机的创建和基本使用方法。

【任务目标】

通过制作"小屋面面观"实例,掌握标准摄影机的使用方法。

【任务制作思路】

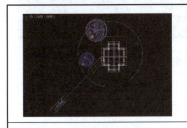
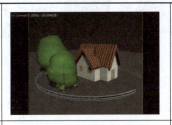

| 创建摄影机 | 透视口转变摄影机视图 | 第30帧效果 |

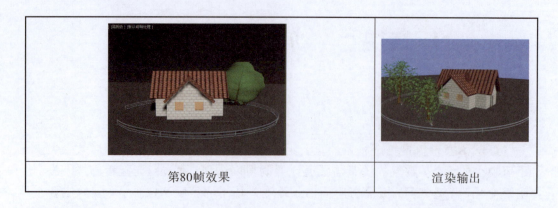

| 第80帧效果 | 渲染输出 |

【预备知识】

3ds Max 2018提供了3种摄影机：物理摄影机、目标摄影机和自由摄影机。自由摄影机用单个图标表示，常用于摄影机沿着轨迹设置动画，创建时只需在视图中单击即可；目标摄影机始终面向目标，创建时，先在视图中单击，然后拖动到目标位置即可创建；物理摄影机将场景的帧设置、曝光控制和其他效果集成在一起，是基于照片级的渲染，但渲染的效果取决于选择的渲染器。

下面以创建一个目标摄影机为例介绍摄影机的创建步骤。

（1）打开模型。打开文件"模块七\素材\创建摄影机素材.max"，单击 ➕ → 🎥 （摄影机）→ "目标" 目标 按钮，此时按钮显示为蓝色激活状态，如图7-1-1所示。

（2）创建摄影机。在顶视图中单击确定摄影机位置（投影点），拖曳确定目标点，如图7-1-2所示。

图7-1-1　摄影机面板

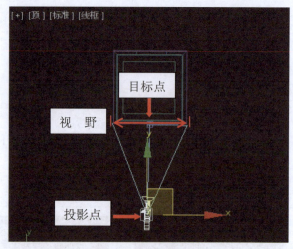

图7-1-2　摄影机创建效果

（3）调整摄影机位置。在前视图中选择摄影机的目标点和投影点，也可以选择这两点之间的连线，将其沿Y轴向上移动一段距离，如图7-1-3所示。

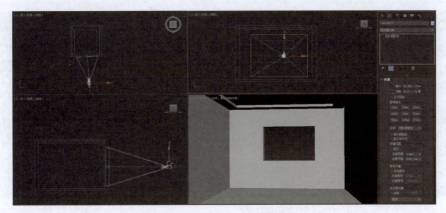

图7-1-3　调整摄影机位置

（4）激活摄影机视图。激活透视图，按字母C键，将透视图转换为摄影机视图，按F9键渲染摄影机视图，图7-1-4所示是摄影机不同位置的两种渲染效果。

图7-1-4　摄影机不同位置的渲染效果

【任务步骤】

1.创建摄影机

（1）打开文件"模块七\素材\小屋面面观素材.max"，在顶视图创建一架目标摄影机，镜头为35 mm。激活透视图，按C键将该视图转换为摄影机视图，并调整位置如图7-1-5所示。

（2）激活透视图，按字母C键，将其转换为摄影机视图，再按F9键渲染，效果如图7-1-6所示。

2.制作摄影机动画

（1）单击时间线上的 自动关键点 按钮，使当前模式处于自动关键帧模式，移动时间滑块 0 / 100 到第30帧处，即时间滑块变为 30 / 100 状态。

（2）用移动工具在顶视图中将摄影机的位置变为如图7-1-7所示效果。

（3）激活摄影机视图，再按F9键渲染，效果如图7-1-8所示。

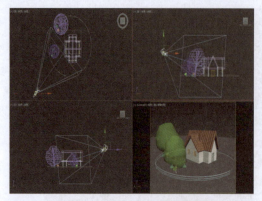
图7-1-5　35 mm目标摄影机

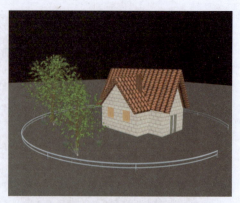
图7-1-6　摄影机效果

图7-1-7　第30帧处的摄影机位置

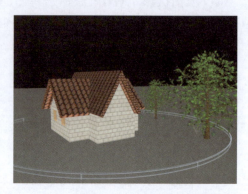
图7-1-8　渲染效果

（4）再将时间滑块 30 / 100 移动到第80帧处，即时间滑块变为 80 / 100 状态，时间线如图7-1-9所示。

图7-1-9　时间线状态

（5）用移动工具在顶视图中将摄影机的位置变为如图7-1-10所示效果。

（6）激活摄影机视图，再按F9键渲染，效果如图7-1-11所示。

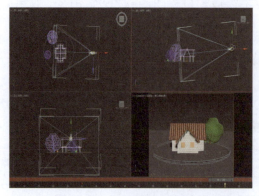
图7-1-10　第80帧处的摄影机位置

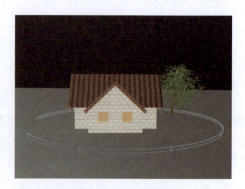
图7-1-11　渲染效果

3.渲染输出

（1）单击动画预览控制区中的 ▶ 预览按钮，如图7-1-12
所示。可看见小屋旋转起来，其实小屋根本没动，是摄影机
在运动而已。

图7-1-12　动画预览控制区

（2）设置输出环境，按数字8键，打开环境设置对话框，
将背景颜色改为蓝色，单击"渲染预览"按钮，可看到小屋背景更改了，如图7-1-13所示。

图7-1-13　设置输出环境

（3）渲染输出。执行"渲染"→"渲染窗口"菜单命令（F10快捷键），在"时间输出"
中选择"活动时间段"，在输出大小参数中选择"640×480"，如图7-1-14所示。

（4）单击"渲染输出"参数下的 文件... 按钮，设置保存的文件类型为.avi，如图
7-1-15所示。

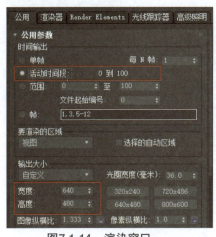

图7-1-14　渲染窗口

图7-1-15　渲染输出

（5）输入文件名，单击"保存"按钮后，将出现帧频设置窗口，设置帧频为25，返回到
渲染窗口后单击 渲染 按钮，即可看到动画正在一帧一帧地渲染。

（6）渲染完毕后，将看到一个.avi文件已生成，双击即可查效果，图7-1-16所示是第1帧效果。

图7-1-16　第1帧效果

4.保存文件

按Ctrl+S快捷键保存文件，并命名为"小屋面面观.max"。

知识链接..........

1.目标摄影机参数

目标摄影机参数如图7-1-17所示，下面详细介绍其含义。

（1）镜头：常见有以下几种镜头：

●标准镜头：镜头焦距在40~50 mm（默认43.456 mm），即人眼的焦距，接近于人眼的正常感觉。

●广角镜头：景深大、视野宽，前、后景物大小对比鲜明，夸张现实生活中纵深方向上物与物之间的距离。

●窄角镜头：视野窄，只能看到场景正中心的对象，对象看起来离摄影机非常近，场景中的空间距离好像被压缩了，产生减弱画面的纵深和空间感。

图7-1-17　目标摄影机参数

（2）视野：摄影机的视角，视野和镜头是两个相互依存的参数，无论调整那个参数，效果完全一样。

（3）备用镜头：3ds Max 2018提供了9种常用镜头，以方便用户选择。

2.摄影机视图控制区按钮功能（见图7-1-18）

推拉摄影机：保持目标点与投影点连线方向不变，并在此线上移动投影点。

推拉目标：保持目标点与投影点连线方向不变，并在此线上移动目标点。

推拉摄影机+目标：保持摄影机本身形态不变，沿视线方向同时移动摄影机的投影点和目标点。

　　 透视：以推拉摄影机的方式改变摄影机的透视效果，按住Ctrl键可以增加变化的幅度。

　　 侧滚摄影机：使摄影机围绕垂直于视平面的方向进行旋转。

图7-1-18　摄影机视图控制区

　　 视野：固定摄影机的目标点和投影点，通过改变视野取景的大小来改变视野值。

　　 平移摄影机：在平行视窗的方向上平移摄影机的目标点和投影点，按住Ctrl键可加快平移的速度。

　　 环游摄影机：固定摄影机的投影点，旋转目标点进行观测。

　　 摇移摄影机：固定摄影机的目标点，旋转投影点进行观测。

拓展练习

　　制作"走近大树"动画。

　　操作提示：

　　（1）为场景添加"天空.jpg"环境贴图。

　　（2）创建目标摄影机。

　　（3）打开"自动关键点"。

　　（4）制作摄影机10—30帧由远及近的动画，30—50帧保持位置不变，50—80帧摄影机继续推近。

　　（5）摄影机目标点0—50帧不变，50—80帧摄影机目标逐步向下移动。

第0帧效果　　　　　　　　　　　　第80帧效果

图7-1-19　树从远景到近景

学习任务二　别墅夜景——自由灯光

【任务概述】

在视觉效果中,灯光起着非常重要的作用,合适的灯光布局可以为场景营造特别的气氛。本任务主要介绍灯光的功能和布局方法。

【任务目标】

通过别墅夜景实例,学习常用灯光的创建和使用方法。

【任务制作思路】

| 打开别墅夜景素材 | 设置走廊灯光 | 设置阳台灯光 |
| 设置泳池灯光 | 设置灯柱灯光 | 灯光布局效果 |

【预备知识】

3ds Max 2018提供的标准灯光有6种:目标聚光灯、自由聚光灯、目标平行光、自由平行光、泛光灯、天光。在场景中合理地使用这些灯光,能增强三维物体的立体感和真实感。默认情况下,3ds Max 2018提供了一盏泛光灯以照亮场景,如果创建了新的灯光,系统中的默认灯光就会自动关闭。

下面以创建一盏目标聚光灯为例来介绍标准灯光的创建方法和操作步骤。

(1)打开文件"模块七\素材\目标聚光灯素材.max",单击"创建"面板中的"灯光" 💡 按钮(显示灯光面板),在面板中单击"目标聚光灯"按钮,此时按钮显示为蓝色激活状态,如图7-2-1所示。

图7-2-1 灯光面板及效果

（2）在顶视图中按住鼠标左键，从左下至右上拖出一个目标聚光灯的图标，其目标点落在几何体上。松开鼠标左键，一盏目标聚光灯就创建好了。在左视图中，沿X轴向右移动目标聚光灯，在"修改"面板中设置"常规参数"下的"阴影"，勾选"启用"复选框。设置聚光灯倍增值为1.5，如图7-2-2所示。

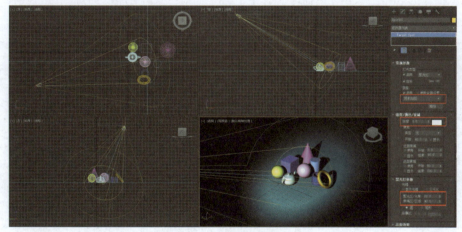

图7-2-2 创建目标聚光灯

【任务步骤】

1.制作走廊的照明效果

（1）打开"模块七\素材\别墅夜景素材.max"文件，模板场景及其渲染效果如图7-2-3和图7-2-4所示。

图7-2-3 别墅夜景模型　　　　　　图7-2-4 别墅夜景渲染效果

（2）单击"创建"→"灯光"→"自由灯光"按钮，在弹出的"创建光度学灯光"对话框中单击 是 按钮，在顶视图中创建一盏灯光，如图7-2-5所示，设置灯光的坐标参数（右键单击"选择并移动"按钮），如图7-2-6所示。

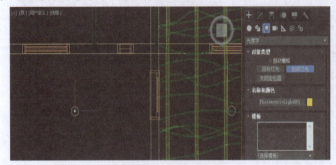 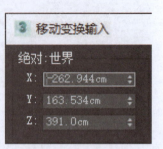

图7-2-5　创建灯光　　　　　　　　　　图7-2-6　灯光坐标

（3）设置"模板"卷展栏为"嵌入式75W灯光（web）"，"强度/颜色/衰减"下设置颜色"开尔文"为6 000，照明结果强度为150%，按住Shift键沿X轴移动灯光以"实例"方式克隆两盏灯光，位置如图7-2-7所示。

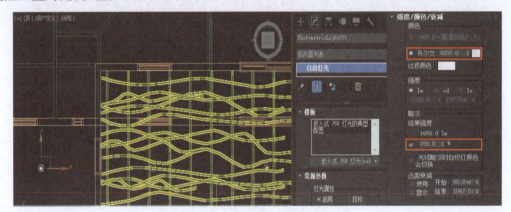

图7-2-7　创建3盏自由灯光及灯光参数

（4）按数字8键打开"环境和效果"窗口，在"曝光控制"卷展栏中设置为"自动曝光控制"，设置面板如图7-2-8所示，渲染效果如图7-2-9所示。

图7-2-8　曝光控制面板　　　　　　　图7-2-9　走廊的灯光效果

2.制作阳台照明效果

（1）在顶视图中创建一盏"自由灯光"，设置灯光坐标参数如图7-2-10所示，设置模板为"100W灯泡"，"强度/颜色/衰减"设置颜色"开尔文"为5 000，照明结果强度为400%，如图7-2-11所示。

图7-2-10　灯光坐标

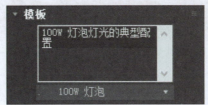

图7-2-11　灯光模板及颜色

（2）选中灯光，以"实例"方式克隆两盏，其坐标参数及渲染摄像机视图如图7-2-12和图7-2-13所示。

图7-2-12　灯坐标参数

图7-2-13　阳台照明效果

3.制作游泳池照明效果

（1）在顶视图中创建一盏灯光，设置灯光坐标参数如图7-2-14所示，设置灯光模板为"80W卤素灯泡"，"强度/颜色/衰减"下设置颜色"开尔文"为8 000，照明结果强度为"500%"，模板和开尔文设置如图7-2-15所示。

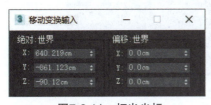

图7-2-14　灯光坐标

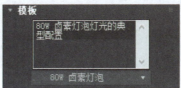

图7-2-15　灯光模板及颜色

（2）选中灯光，复制5盏，在顶视图中调整位置，如图7-2-16所示，此时效果如图7-2-17所示。

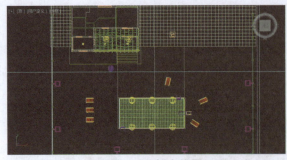
图7-2-16　灯光位置

图7-2-17　泳池灯光效果

4.制作灯柱照明效果

（1）在顶视图中创建一盏灯光，设置灯光模板为"400W 街灯（web）"，"图形/区域阴影"下的"从（图形）发射光线"参数为"矩形"，灯光坐标参数、模板和矩形数值设置如图7-2-18所示。

图7-2-18　灯光坐标、模板与图形/区域阴影参数

（2）选中灯光，以"实例"方式克隆，按住Ctrl键同时选中灯罩内的两盏灯沿X方向克隆，将克隆出的两盏灯光镜像翻转，并沿X轴移动至右侧灯罩内，继续克隆两盏灯光，并顺时针旋转90°，调整灯光位置至灯罩内，顶视图效果如图7-2-19所示。

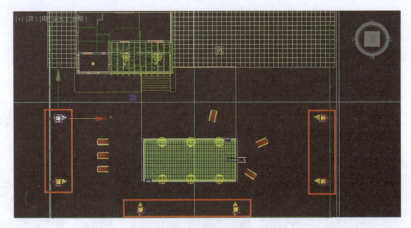

图7-2-19　灯柱灯光位置

（3）按数字8键打开"环境和效果"窗口，单击"环境贴图"的 无 按钮，选择"位图"，添加"模块七\素材\任务二\sky.jpg"文件，并将环境贴图"sky.jpg"以实例方式拖入材质编辑器，设置环境贴图方式为"屏幕"，如图7-2-20所示。

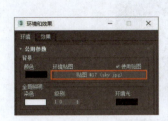

图7-2-20　设置环境贴图及灯柱照明效果

5.输出与保存

（1）各灯光设置完毕，各视图效果如图7-2-21所示。

（2）按Ctrl+S保存文件，并命名为"别墅夜景.max"。

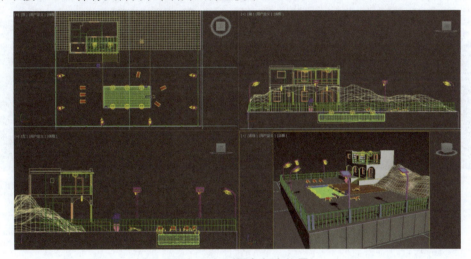

图7-2-21　别墅各灯光位置

知识链接

灯光参数

1.常规参数

（1）灯光属性中"启用"用于控制灯光的打开与关闭，而灯光的效果只有在着色和渲染时才能看得出来，因此只有勾选"启用"复选框，渲染时才能显示灯光效果。

（2）灯光阴影中的"启用"用于使灯光产生阴影，当勾选此复选框时，可以选择"高级光线跟踪""区域阴影""阴影贴图"及"光线跟踪阴影"4种类型的阴影，如图7-2-22所示，开启阴影与未开启阴影的效果如图7-2-23所示。

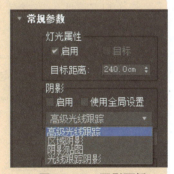

图7-2-22　阴影面板

图7-2-23　阴影开启与未开启效果

（3）灯光类型：灯光常规参数中灯光类型主要用于选择不同的灯光种类，主要有"光度学web""聚光灯""统一漫反射"和"统一球形"4种供用户选择。

（4）"排除"：此选项用于确定场景中的对象是否接收灯光的照明和产生阴影，当单击 排除... 按钮时，将显示如图7-2-24所示的对话框，左侧是场景对象，右侧是排除灯光对象。如场景中的圆锥体排除照明、阴影后的效果如图7-2-25所示。

图7-2-24　"排除/包含"对话框　　　　图7-2-25　圆锥体排除照明、阴影后的效果

2."强度/颜色/衰减"参数

"强度/颜色/衰减"参数主要用于设置灯光强度、颜色及照明区域的衰减效果，其参数框如图7-2-26所示。

（1）"颜色"：包含灯光和开尔文。

• 灯光：挑选公用灯光，以近似灯光的光谱特征，其类型如图7-2-27所示。

• 开尔文：通过调整色温微调器设置灯光的颜色。

• 过滤颜色：使用颜色过滤器模拟置于光源上的过滤色效果。

（2）"强度"：在物理数量的基础上指定光度学灯光的强度或亮度。

• lm（流明）：测量整个灯光（光通量）的输出功率。

• cd（坎德拉）：测量灯光的最大发光强度，通常沿着瞄准发射。

• lx：测量由灯光引起的照度，该灯光以一定距离照射在曲面上，并面向光源的方向。

（3）"暗淡"：主要是结果强度。

（4）远距衰减：设置远衰减区的属性。

在"开始"中设置衰减范围的起始距离，在"结束"中设置衰减范围的终止距离。

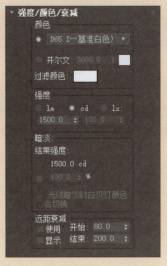

图7-2-26　"强度/颜色/衰减"面板

图7-2-27　常规灯光类型

拓展练习

制作变化的七彩灯光动画,增加欢乐气氛,第0帧和100帧效果如图7-2-28所示。

操作提示:

（1）在孔球中央创建一盏泛光灯,启用灯光阴影。

（2）设置泛光灯倍增值为0.3,启用近距、远距衰减,分别设置近距衰减开始为0,结束为25,远距衰减开始为40,结束为240。

（3）在泛光灯大气和效果卷展栏中为泛光灯添加体积光。

（4）制作泛光灯颜色从黄到蓝再到红的关键帧动画。

（5）制作孔球旋转动画。

第0帧效果

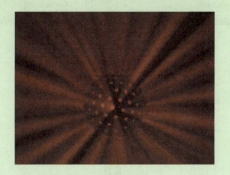

第100帧效果

图7-2-28　七彩灯光效果

微课

学习任务三　航天火炬——大气效果的应用

【任务概述】

"载人航天之火，点燃砥砺奋进之灯"，火效果也是设计三维场景的常用元素之一，在3ds Max中如何做出逼真的火燃烧效果呢？本任务将介绍火、雾等大气效果的制作方法。

【任务目标】

通过制作航天火炬实例，掌握雾效果、火效果及环境背景的制作方法。

【任务制作思路】

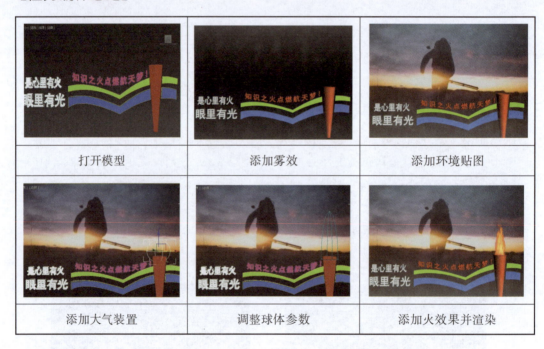

打开模型	添加雾效	添加环境贴图
添加大气装置	调整球体参数	添加火效果并渲染

【预备知识】

雾效和火焰效果可通过3ds Max中提供的"大气和效果"模块来实现，下面以制作火焰为例介绍大气特效的使用方法。

（1）单击"创建" ➕ →"辅助对象" 📐 按钮，选择"大气装置"选项，再单击"圆柱体Gizmo"按钮，如图7-3-1所示。在视图中拖动鼠标生成一个圆柱体框，这就是火焰的"Gizmo"线框，如图7-3-2所示。

（2）单击"修改"→"大气和效果"参数的"添加"按钮，在弹出的"添加大气"对话框中选择"火效果"选项，然后单击"确定"按钮。

（3）激活透视图，渲染透视图，效果如图7-3-3所示。

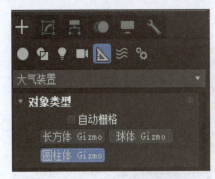

图7-3-1　大气装置面板

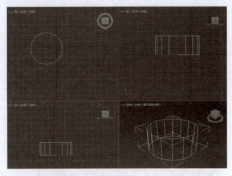

图7-3-2　火焰的"Gizmo"线框

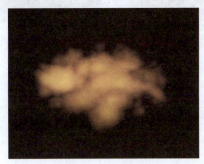

图7-3-3　火效果

【任务步骤】

1.添加场景雾效

（1）打开"模块七\素材\燃烧的火炬素材.max"文件，执行"渲染"→"环境"菜单命令，打开"环境与效果"对话框，如图7-3-4所示，单击"大气"参数中的"添加"按钮，在弹出的"添加大气效果"对话框中选择"雾"选项，单击"确定"按钮，如图7-3-5所示。

图7-3-4　"环境与效果"对话框

图7-3-5　"添加大气效果"对话框

（2）设置雾参数。在"雾参数"面板中设置各参数如图7-3-6所示，渲染透视图效果如图7-3-7所示。

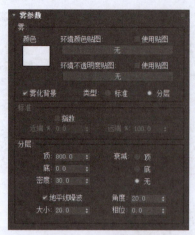

图7-3-6　雾参数面板

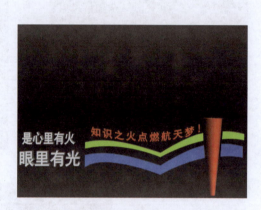

图7-3-7　雾效果

2.制作场景背景

（1）单击"环境"选项卡中"环境贴图"的 无 按钮，在"材质/贴图浏览器"对话框中选择"位图"选项，如图7-3-8所示。

（2）选择"模块七\素材\任务三\燃烧的火炬背景.jpg"图像文件作为背景贴图，渲染透视口如图7-3-9所示。

图7-3-8　材质/贴图浏览器面板

图7-3-9　背景贴图效果

3.制作火效果

（1）单击"大气装置"面板中的 球体 Gizmo 按钮，在顶视图的火炬上创建一个球体框SphereGizmo001，修改其半径值为112，勾选"半球"复选框，设置种子数为3 000，如图7-3-10所示，拉伸其高度、宽度，并将其放在火炬的上部，如图7-3-11所示。

图7-3-10　SphereGizmo001参数设置

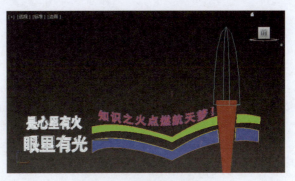

图7-3-11　球体调整效果

（2）在修改面板的"大气和效果"参数栏中单击"添加"按钮，如图7-3-12所示，添加"火效果"，在列表中选择"火效果"选项，再单击"设置"按钮，设置"火效果参数"如图7-3-13所示。

图7-3-12　球体修改面板

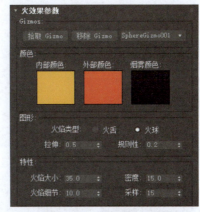

图7-3-13　火效果参数面板

（3）渲染透视图，效果如图7-3-14所示。

图7-3-14　火炬效果

4.保存文件

按Ctrl+S快捷键保存文件，并重命名为"航天火炬.max"。

大气效果

　　3ds Max中提供的大气效果有"雾""体积雾""火效果"和"体积光"4种用来模拟不同的自然环境。如本例中的雾和火效果，改变大气效果参数将会得到不同的效果。

1."雾"效果

　　"雾"效果主要用于模拟带有烟雾的大气环境，不需要借助于Gizmo，只要添加了"雾"，就可以在渲染时显示出雾的效果。

2."体积雾"效果

　　"体积雾"也可以用来模拟烟雾效果，它和雾的区别在于烟雾的厚重感不同，如图7-3-15所示，设置的参数不同，如图7-3-16所示。

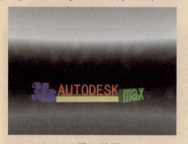

　　　　（a）"雾"效果　　　　　　　　　　（b）"体积雾"效果

图7-3-15　"雾"和"体积雾"的效果

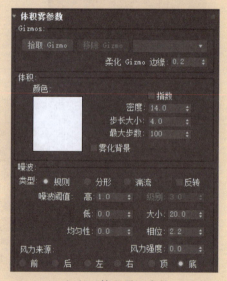

　　　　（a）"雾"参数　　　　　　　　　　（b）"体积雾"参数

图7-3-16　"雾"和"体积雾"的参数

3."火"效果

　　"火"效果用于模拟自然中火的燃烧效果，此效果与大气装置同时用效果会更好，便于控制"火"的位置和方向，如本任务中的火炬实例。

4."体积光"效果

"体积光"效果能够产生非常有形的光束,可以用来制作光芒放射的效果。虽然其渲染速度较慢,但效果很好。

拓展练习

1.利用体积光,制作如图7-3-17所示的台灯效果。

操作提示:

(1)前视图中"创建目标聚光灯",灯光Spot001 坐标X:-73,Y:0,Z:18,Spot001.Target 设置坐标X:3,Y:0,Z:-100。

(2)聚光区/光束:55,衰减区/区域:70,近距衰减中勾选"使用",结束:80,远距衰减中勾选"使用",开始:150,结束:400。

(3)添加"体积光",颜色为黄色。添加"自由聚光灯",坐标X:180,Y:-300,Z:180,添加"泛光灯",坐标X:-260,Y:0,Z:-80。

2.制作如图7-3-18所示的山中大雾效果。

操作提示:

(1)为场景添加"天空.jpg"环境贴图。

(2)创建球体Gizmo,设置为半球。

(3)创建"体积雾"拾取球体Gizmo,设置体积雾密度、步长,噪波类型为分形,并设置噪波级别、大小。

(4)复制球体Gizmo到场景相应位置,并适当调整大小。

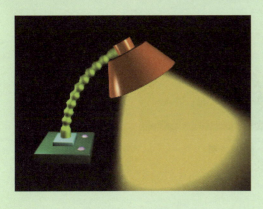

图7-3-17 体积光效果

图7-3-18 山中大雾效果

一、理论测试

1.3ds Max 2018提供了3种摄影机：_____摄影机、_____摄影机和_____摄影机。

2.标准镜头指镜头焦距在_____之间，3ds Max默认设置为43.456 mm，即_____的焦距，接近于_____的正常感觉。

3._____是指景深大、视野宽，前、后景物大小对比鲜明，夸张了现实生活中纵深方向上物与物之间的距离。

4.在摄像控制区中 ▣ 的作用是_____，▣ 的作用是_____，▣ 作用是_____。

5.3ds Max 2018提供的标准灯光有6种：目标聚光灯、_____、目标平行光、_____、泛光灯、_____。

二、操作测试题

制作篝火效果，如图7-3-19所示。

操作提示：

（1）打开"篝火素材.max"素材，添加"球体Gizmo"，设置为"半球"，半径为120。

（2）利用"选择并均匀缩放"按钮，沿Z轴拉长。

（3）添加"火效果"，修改"密度"为25，其余参数值不变。

图7-3-19　篝火效果

实训三　酷派客厅——灯光与摄影机综合实例

【实训目的】

（1）摄影机的使用；

（2）利用材质制作顶灯；

（3）制作平行光；

（4）制作目标聚光灯；

（5）制作泛光灯。

【实训内容】

为客厅创建摄像机和布光。

创建摄像机和灯光前	创建摄像机和灯光后

【实训步骤】

1.创建摄影机

（1）打开"模块七\素材\酷派客厅 素材.Max"场景文件，在顶视图创建一架目标摄影机，镜头为24 mm，并调整摄影机位置，如图实3-1所示。

（2）激活透视图，按C键转为"摄影机"视图，渲染此视图，效果如图实3-2所示。

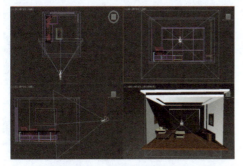

图实3-1　摄影机位置效果

图实3-2　摄影机视图渲染效果

2.制作顶灯

（1）创建圆形桶灯。在顶视图右下方创建一个如图实3-3所示的圆，后添加"挤出"修改器，设置挤出数量值为2 mm。

图实3-3　创建圆并调整位置

（2）设置圆形桶灯材质。设置圆形桶灯的材质为"Architectural"建筑材质，模板为"理想的漫反射"，漫反射颜色为白色，亮度cd/m2值为2 000。材质面板如图实3-4所示，摄影机视图渲染效果如图实3-5所示。

图实3-4　材质面板

图实3-5　摄影机视图渲染效果

（3）复制多盏圆形桶灯，使其布满吊顶的四周，顶视图和渲染效果如图实3-6和图实3-7所示。

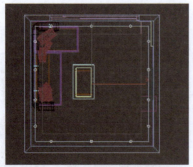

图实3-6　顶视图效果

图实3-7　顶灯渲染效果

3.制作平行光

（1）在顶视图创建一个由上至下的目标平行光，在顶视图和左视图调整好目标平行光的位置如图实3-8所示。

图实3-8　平行光位置

（2）设置平行光的常规参数如图实3-9所示，平行光参数如图实3-10所示，光线跟踪阴影参数如图实3-11所示。

图实3-9　平行光常规参数面板

图实3-10　平行光参数

图实3-11　光线跟踪阴影面板

（3）激活摄影机视图，渲染效果如图实3-12所示。

图实3-12　摄影机视图效果

4.制作照亮地面的目标聚光灯

（1）在前视图中创建一盏由上至下的目标聚光灯，用它来照亮房间和地面，设置"强度/颜色/衰减"面板中"倍增"值为1.0，"聚光灯参数"栏中"聚光区/光束"值为84，"衰减区/区域"值为116，如图实3-13所示。

图实3-13　目标聚光灯位置及参数

（2）激活摄影机视图，渲染效果如图实3-14所示。

图实3-14　向下聚光灯效果

5.制作照亮天花板的目标聚光灯

在前视图中创建一盏由下至上的目标聚光灯，照亮天花板。设置"强度/颜色/衰减"中的"倍增"值为0.5，其顶视图和前视图效果如图实3-15所示，摄影机视图渲染效果如图实3-16所示。

图实3-15 顶视图和前视图效果

图实3-16 照亮天花板效果

6.制作补光：泛光灯

在顶视图中创建两盏"泛光灯"作为墙壁的补光，设置"倍增"值为0.2，如图实3-17所示。

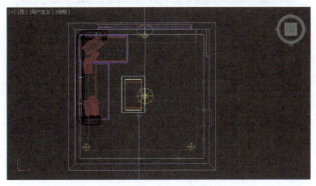

图实3-17 泛光灯位置

7.保存与渲染

（1）客厅灯光布置完毕，场景图如图实3-18所示，按Ctrl+S快捷键保存文件，并命名为"酷派客厅.max"。

图实3-18　客厅最终场景效果

（2）激活摄影机视图，渲染最终结果如图实3-19所示。

图实3-19　酷派客厅最终效果

模块八 制作三维动画

模块综述

　　本模块将要接触到最让人激动的部分——三维动画。3ds Max为用户提供了一套非常强大的动画系统，利用它可以制作出逼真的高端动画。本模块主要介绍三维动画的基本制作方法、控制器动画及Biped足迹基础动画。

学习完本模块后，你将能够：

- 制作关键帧动画;
- 制作摄影机穿行迷宫动画;
- 利用Biped模仿人的走、跑、跳动画。

学习任务一　雪人蹦跳乐——关键帧动画

微 课

【任务概述】

　　3ds Max提供了多种创建动画的方法,大量管理和编辑动画的工具。关键帧动画是整个动画的基础,本任务主要介绍关键帧动画的制作流程和技巧。

【任务目标】

　　通过制作雪人蹦跳乐实例,学习3ds Max动画控制面板的使用方法,关键帧动画的制作流程,以及轨迹视图控制动画的技巧。

【任务制作思路】

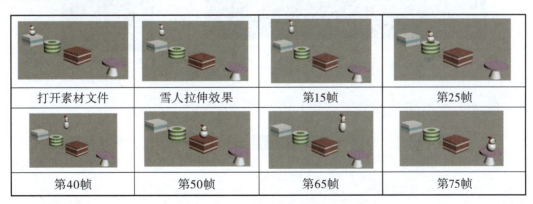

| 打开素材文件 | 雪人拉伸效果 | 第15帧 | 第25帧 |
| 第40帧 | 第50帧 | 第65帧 | 第75帧 |

【预备知识】

利用自动关键帧制作简单动画

在3ds Max 2018中制作动画最简单的方法就是开启"自动关键点"制作动画，操作方法如下：

（1）在场景中创建一个对象，如一个小球。

（2）单击 自动 按钮，开户自动关键帧模式，此时时间线变红，如图8-1-1所示。

图8-1-1　自动关键点状态下的时间线

（3）移动时间滑块到其他时间，如第20帧处，变换对象，如利用移动工具将小球升高。

（4）移动时间滑块移到第40帧，改变小球位置，再将滑块移到第80帧，改变小球位置。

（5）单击动画控件中的"播放" ▶ 按钮，可见到场景中小球运动起来，简单动画制作完毕。

【任务步骤】

1.设置场景主角模型

（1）打开"模块八\素材\雪人蹦跳动画素材文件.max"素材文件。

（2）将"雪人"全部框选后添加"拉伸"修改器，如图8-1-2和图8-1-3所示。

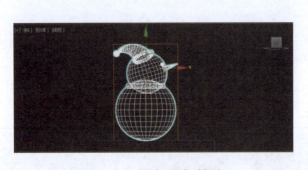

图8-1-2　框选"雪人"模型

图8-1-3　添加"拉伸"修改器

2.制作雪人蹦跳乐动画

（1）设置雪人弹起拉伸效果。单击 自动 按钮，激活自动关键帧，将时间滑块移动到第15帧，在前视图中选择雪人模型向斜上方提起，并设置"拉伸"修改器中的拉伸参数为0.3，效果如图8-1-4所示，参数如图8-1-5所示。

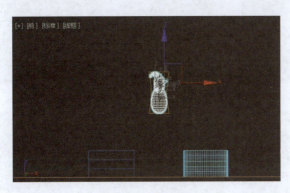

图8-1-4　第15帧　　　　　　　　　　　图8-1-5　拉伸参数

（2）设置雪人落下拉伸效果。将时间滑块移到第25帧，选中雪人模型并拖动到圆柱体模型上，设置"拉伸"修改器的拉伸参数为0，效果如图8-1-6所示，参数如图8-1-7所示。

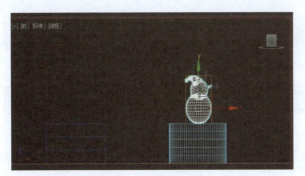

图8-1-6　第25帧　　　　　　　　　　　图8-1-7　拉伸参数

（3）复制雪人蹦跳关键帧。框选第15帧和第25帧后，按住Shift键向右拖动，将关键帧落在第40帧和第50帧处，如图8-1-8和图8-1-9所示。

图8-1-8　选中关键帧

图8-1-9　复制关键帧

（4）设置雪人蹦跳位置。将时间滑块移动到第40帧，选中雪人模型，整体向右移动，移动位置如图8-1-10和图8-1-11所示。

（5）设置雪人蹦跳落下位置。将时间滑块移动到第50帧，选中雪人模型，整体向右移动，移动位置如图8-1-12和图8-1-13所示。

图8-1-10　雪人位置移动（1）

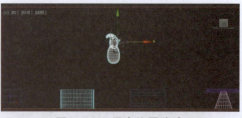

图8-1-11　雪人位置移动（2）

图8-1-12　雪人位置移动（3）

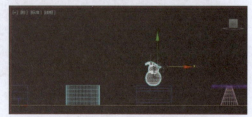

图8-1-13　雪人位置移动（4）

（6）复制雪人蹦跳关键帧。框选第40帧和第50帧，按住Shift键向右拖动，将关键帧落在第65帧和第75帧处，如图8-1-14和图8-1-15所示。

图8-1-14　选中关键帧

图8-1-15　复制关键帧

（7）设置雪人蹦跳位置。将时间滑块移动到第65帧，选中雪人模型，整体向右移动，移动位置如图8-1-16和图8-1-17所示。

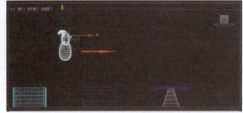

图8-1-16　雪人位置移动（5）

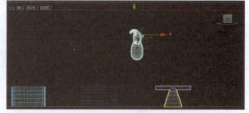

图8-1-17　雪人位置移动（6）

（8）设置雪人蹦跳落下位置。将时间滑块移动到第75帧，选中雪人模型，整体向右移动，移动位置如图8-1-18和图8-1-19所示。

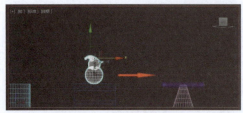

图8-1-18　雪人位置移动（7）

图8-1-19　雪人位置移动（8）

（9）动画预览。选择透视图，再单击动画控制区中的▶按钮预览动画。

（10）保存场景文件。执行"文件"→"保存"菜单命令，将场景以"雪人蹦跳动画.max"为名保存。

3.雪人蹦跳动画输出

（1）设置渲染参数。在"渲染窗口"面板中选择"时间输出/活动时间段"，在输出大小参数中选择"640×480"，如图8-1-20所示。

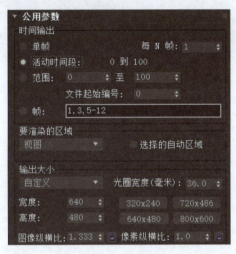

图8-1-20 渲染窗口

（2）确定文件类型。单击"渲染输出"组的"文件..."按钮，设置保存的文件类型为.avi，如图8-1-21所示。

图8-1-21 渲染输出

（3）输入文件名，单击"保存"按钮后，返回到渲染窗口后单击"渲染"按钮，即可看到动画正在一帧一帧地渲染，如图8-1-22所示。

图8-1-22　渲染输出界面

（4）渲染完毕后，将看到一个.avi文件已生成，双击即可查看制作的动画效果。

（5）按Ctrl+S快捷键保存文件。

知识链接 ••••••••••••••

1.关键帧的类型

在3ds Max 2018中，创建关键帧有两种模式：自动关键点和设置关键点，如图8-1-23所示。

图8-1-23　自动关键点状态下的时间线

（1）自动关键点创建动画

使用自动关键点创建动画的方法简单，仅需要通过选择每个参数，拖动时间滑块，再调整参数就可以实现，如本任务中的雪人蹦跳运动就是这种方法来完成的。

（2）设置关键点创建动画

专业动画制作人员常使用设置关键点创建动画，先设定对象效果，再单击"设置关键点"按钮，将设定好的效果委托给关键帧。

2.轨迹视图

3ds Max的轨迹视图是用来对动画轨迹进行直观控制的视图，轨迹视图有"曲线编辑器"和"摄影表"两种轨迹视图。

（1）轨迹视图的打开方法（以曲线编辑器为例）

方法1：单击工具栏上的 🔊 (曲线编辑器)按钮。

方法2：单击界面左下角 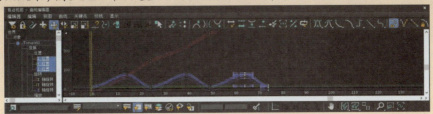 的 (打开迷你曲线编辑器)按钮。

方法3：执行"图形编辑器→曲线编辑器"菜单命令。

方法4：在场景空白处或者选中对象上单击鼠标右键，在弹出的快捷菜单中选择"曲线编辑器"。

(2)轨迹视图窗口

●曲线编辑器：将动画显示为一种曲线。利用曲线可查看关键帧之间的变换情况，也可以像控制二维线一样，使用曲线上关键点的切线控制柄，来控制场景中各个对象的运动和动画效果，图8-1-24所示是雪人蹦跳运动的曲线表。

图8-1-24　雪人蹦跳运动的曲线表

图中的红、绿、蓝是雪人运动时的X，Y，Z位置的变化情况。可利用工具调整关键帧，从而调整曲线。

●摄影表：一种将动画显示为关键点和范围的电子表格。关键点带有颜色，便于辨认，可对场景中任意或所有的关键点进行缩放、移动、复制与粘贴等操作。图8-1-25所示是雪人蹦跳运动的摄影表。

图8-1-25　雪人蹦跳运动的摄影表

拓展练习

制作一个从天掉落的小球，逐级下台阶，最后滚出场景的动画，图8-1-26是4幅动画的截图。

操作提示：

(1)创建楼梯侧面图形。在创建面板中选择图形下的线，在前视图中给出封闭的楼梯侧面图。

(2)选中图形，添加挤出修改器，数量为100。

(3)在透视图中绘制几何球体，放在楼梯最上方悬空。

（4）开启动动画控制区的"自动"，移动指针到第10帧，把小球移动到第1级台阶，第20帧处移动小球成弹起状态，第25帧落下接触第2级台阶。同理制作剩下的小球下台阶。

（5）关闭"自动"，预览动画效果。

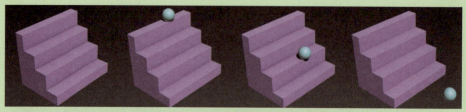

图8-1-26　小球下台阶的4幅动画截图

学习任务二　穿行迷宫——路径约束动画

【任务概述】

在丛林中飞跃、建筑群中遨游、迷宫中探险等真实娱乐活动，其实就是经典的穿行动画。这种动画不仅用于游戏闯关、故事情节展开，还用于展示建筑或商品内部结构等。本任务将介绍3ds Max中穿行动画的制作思路和技巧。

【任务目标】

通过制作穿行迷宫动画，学习路径约束摄影机运动，漫游动画的基本制作方法。

【任务制作思路】

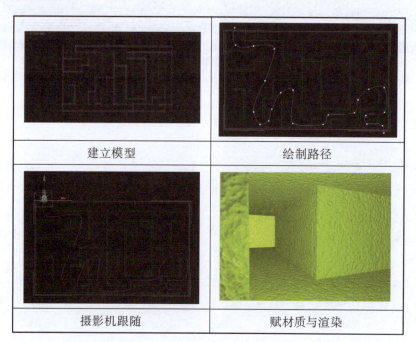

建立模型	绘制路径
摄影机跟随	赋材质与渲染

【预备知识】

动画控制器

3ds Max中提供的动画控制器很多，最常见的具有代表性的控制器有"链接约束""路径约束""注释约束"和"方向约束"4种动画控制器，位于"动画"菜单下，如图8-2-1所示。

图8-2-1　动画控制器种类

添加控制器的方法如下：

选中运动对象，单击"动画"→××控制器→选择控制器的类型即可。

【任务步骤】

1.创建迷宫模型

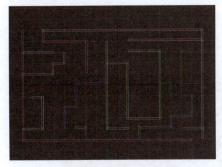

图8-2-2　迷宫墙顶视图效果

（1）单击 ⊙ →"AEC扩展"→ 墙 按钮，设置墙的宽为15，高为140，对齐方式为居中。

（2）在工具栏中的 🧲 "三维捕捉按钮"上右击，设置捕捉方式为"栅格点"，再单击"三维捕捉"按钮，激活三维捕捉，在顶视图中绘制如图8-2-2所示的墙。

（3）选一段墙体，在修改面板中单击如图8-2-3所示的"附加多个"按钮，在弹出的选择框内选择所有墙体，单击"附加"按钮，将所有墙体连接在一起，此时的透视口效果如图8-2-4所示。

图8-2-3　附加墙体

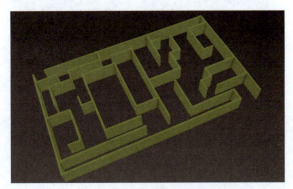

图8-2-4　迷宫透视图

2.绘制路径

在顶视图中创建一条曲线作为摄影机运动路径，并调整使其变得平滑，如图8-2-5所示。

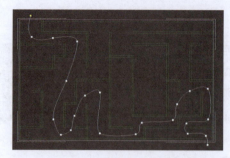

图8-2-5　摄影机运动路径

3.创建摄影机跟随路径运动

（1）单击"创建"→"摄影机"→"自由"按钮，在顶视图中创建一个自由摄影机。

（2）选择摄影机，执行"动画"→"位置控制"→"路径约束"菜单命令，在顶视图中会出现一条虚线，再单击虚线就完成将摄影机与路径绑定在一起，此时摄影机已经自动移动到线条的起点，如图8-2-6所示。

（3）单击"运动"  按钮，在此面板的"路径参数"中设置相机跟随路径移动，如图8-2-7所示。

图8-2-6　创建摄影机跟随路径

图8-2-7　路径设置面板

（4）选中摄像机，用 旋转工具调整相机角度，修改相机镜头与视野参数，如图8-2-8所示。

图8-2-8　旋转摄影机方向

4.调整路径与时间

（1）将透视图切换到摄影机视图，发现角度不符合人的视觉和运行速度。其主要原因是路径高度不够和相机运动帧数太少，选中路径，在左视图中将其向Z轴方向移动70的距离，刚好到达墙的一半高度，如图8-2-9所示。

（2）单击动画控制区中的"时间配置"  按钮，将动画长度设置为1 500，如图8-2-10所示。将时间线上第100帧处的关键帧拖到第1 500帧，达到延长动画时间的目的。

图8-2-9　调整路径高度

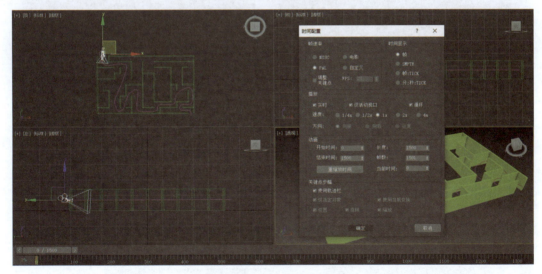

图8-2-10　延长动画时间

5.创建地面

在顶视图创建一个大小与迷宫占地面积相同的长方体，并将其与墙面底部对齐，作为迷宫的地面。

6.设置墙面与地面材质

（1）将时间滑块定位到第0帧，选中迷宫墙和地面，按M键打开"材质编辑"窗口，选择一个材质球，设置Binn基本参数中的"漫反射"值为(57，89，0)，其余参数如图8-2-11所示，扩展参数如图8-2-12所示。

（2）展开"贴图栏"，单击"凹凸"项右侧的"无"按钮，在该通道添加一个"噪波"贴图程序，并设置第1帧的参数如图8-2-13所示，单击"自动关键点"按钮，将时间滑块拖到1 500帧处，将"噪波"中的"相位"值设置成30，如图8-2-14所示。

提示：

①设置噪波动画，让墙面图案运动起来，给人神秘的感觉。

②由于地面与墙面都是同一种材质，让迷宫更刺激。

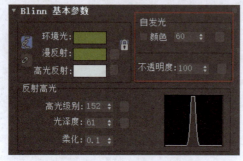

图8-2-11　Binn基本参数面板

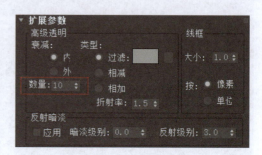

图8-2-12　扩展参数面板

图8-2-13　第0帧噪波参数

图8-2-14　第1 500帧噪波参数

7.制作天花板

在前视图中选中地面，将其复制到迷宫墙的顶部，完成天花板的制作。

8.渲染输出

按F10键设置输出为活动时间段0—1 500帧，文件名为"穿行迷宫.avi"，单击"渲染"按钮，输出文件，图8-2-15所示是第240帧和第1 200帧输出效果的截图。

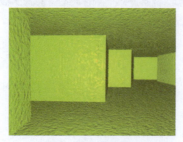

第240帧效果截图

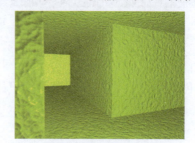

第1 200帧效果截图

图8-2-15　穿行迷宫效果截图

动画约束

动画约束是指用一个对象来控制另一个对象的运动。通过与另一个对象的绑定关系，来控制对象的位置、旋转或缩放，常用的约束主要有以下4种：

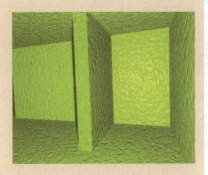

图8-2-16　黄色泛光灯500帧效果

●链接约束：创建对象与目标对象之间彼此链接的动画，使对象继承目标对象的位置、旋转度和比例。

例如，在本任务实例中顶视图摄影机旁边添加一盏泛光灯，选中此灯，执行"动画"→"约束"→"链接约束"菜单命令，在出现的一条线中再单击相机，则将灯光与摄影机连接在一起。当相机沿路径运动时，灯光也跟随一起运动，给迷宫增添灯光效果，图8-2-16所示是加黄色泛灯光，倍增亮为5的第500帧的渲染效果图。

●路径约束：使对象沿指定的路径运动，并且可以产生绕路径旋转的效果。可以为一个对象设置多条运动轨迹，通过调节重力的权重值来控制对象的位置。如本任务中的摄影机穿行就是利用路径约束来完成穿行效果的。

●注视约束：注视约束"控制器使一个对象一直朝向另一个对象，同时锁定对象的旋转角度使对象的一个轴点朝向目标对象，如图8-2-17所示。

图8-2-17　注视约束　　　　　图8-2-18　方向约束

●方向约束："方向约束"控制器使某个对象的方向沿着另一个对象的方向或若干对象的平均方向运动，应用"方向约束"控制器后，将不能手动设置该对象的旋转，如图8-2-18所示。

利用"穿行助手"完成本任务实例的制作(提示:使用"动画—穿行助手"命令)。

学习任务三　骨骼运动——Biped动画基础

【任务概述】

给卡通模型赋予人的行走动作和表情，需要为模型添加骨骼，然后将模型绑定到骨骼上，让骨骼驱动模型产生合理的运动。本任务将介绍3ds Max中自带的Biped骨骼的走、跑、跳等足迹的基本使用方法。

【任务目标】

通过制作骨骼运动实例，学习Biped基础知识、Biped工具和足迹动画的使用方法。

【任务制作思路】

创建环境模型	创建足迹	改变足迹形状
创建关键帧	创建跑、跳足迹，改变形状	渲染输出

【预备知识】

创建人体骨骼

在3ds Max 2018中通过"系统"面板下的"Biped"工具可以创建人体骨骼模型，其方法如下：

（1）在创建命令面板下单击"系统"按钮，单击"Biped"按钮，如图8-3-1所示。

（2）在任意一个视图中拖动鼠标，即可创建一个完整的人体骨骼模型，如图8-3-2所示。

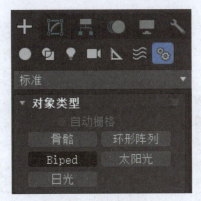

图8-3-1 创建Biped面板

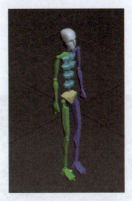

图8-3-2 人体骨骼模型

【任务步骤】

1.环境创建

（1）设置视口背景。激活透视图，按Alt+B快捷键打开"视口配置"对话框，如图8-3-3所示，选择"使用文件"项，再单击"文件…"按钮，选择"素材\模块八\沙滩.jpg"文件作为视口背景、单击"确定"按钮后，透视窗口如图8-3-4所示。

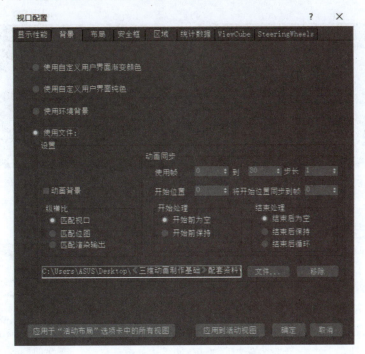

图8-3-3 "视口配置"对话框

（2）打开"环境和效果"窗口，设置其环境贴图为"素材\模块八\沙滩.jpg"文件，单击"渲染预览"按钮，效果如图8-3-5所示。

图8-3-4　透视窗口效果

图8-3-5　设置环境贴图

2.创建环境与骨骼模型

（1）在透视口中创建两棵树，效果如图8-3-6所示。

（2）单击"系统"面板中的"Biped"按钮，在透视图中拖动鼠标，创建骨骼模型，如图8-3-7所示。

图8-3-6　创建树

图8-3-7　创建骨骼模型

3.创建骨骼走路动画

（1）选中Biped，单击"运动" ⬤ →"足迹" 👣 →"行走" 🚶 按钮，创建行走足迹，如图 8-3-8所示。

（2）在第1帧处单击"创建多个足迹" 👣 按钮，在弹出的对话框中，设置"从左脚开始，足迹数为12，从当前帧开始"，其余为默认值，然后单击"确定"按钮，如图8-3-9所示，创建的骨骼行走的足迹如图8-3-10所示。

图8-3-8　设置行走足迹

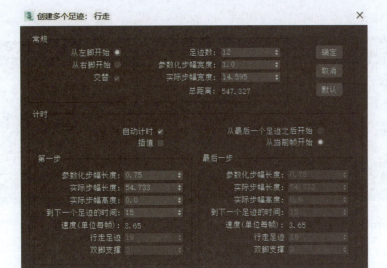

图8-3-9　足迹创建面板

图8-3-10　足迹创建效果

图8-3-11　足迹弯曲设置

（3）改变足迹形状，在足迹操作中设置弯曲为39，缩放为1.0，如图8-3-11所示，将行走足迹改变成如图8-3-12所示。

（4）单击"足迹操作"面板中的"创建多个足迹" 按钮，预览动画，可看见骨骼沿着树行走的动画。

4.创建骨骼跑步动画

（1）单击"足迹创建"中的"跑步" 按钮，再单击"创建多个足迹" 按钮，在跑步足迹对

图8-3-12　足迹弯曲效果

话框中设置"从左脚开始，足迹数为12，从最后一个足迹之后开始"。其余为默认值，然后单击"确定"按钮，则创建了骨骼跑步的足迹，效果如图8-3-13所示。

（2）改变"足迹操作"面板中的"弯曲"参数，使足迹如图8-3-14所示。

（3）单击"足迹操作"面板中的"创建多个足迹" 按钮，预览动画，可看见骨骼沿着树行走，接着欢快地再沿两棵树跑一圈的动画效果。

图8-3-13　创建跑步足迹

图8-3-14　弯曲跑步足迹

5.创建骨骼跳跃动画

（1）单击"足迹创建"中的"跳跃" 按钮，再单击"创建多个足迹" 按钮，在跳跃足迹对话框中设置"从左脚开始，足迹数为6，从最后一个足迹之后开始"。其余为默认值，单击"确定"按钮，则创建了骨骼跳跃的足迹，如图8-3-15所示。

提示：可自由创建足迹路线的形状。

（2）单击"足迹操作"面板中的"创建多个足迹" 按钮，预览动画，可看见骨骼沿着树行

图8-3-15　创建跳跃足迹

走，接着欢快地再沿着两棵树跑一圈，最后跳出场景的动画效果。

6.渲染输出

（1）按Ctrl+S快捷键保存文件，并命名为"骨骼运动.max"。

（2）设置输出方式为"活动时间段"，设置渲染文件为"骨骼运动.avi"，单击"渲染"按钮完成渲染输出。

（3）图8-3-16所示是渲染后走、跑、跳的效果截图。

走

跑

跳

图8-3-16　渲染后的效果截图

1.Biped

Biped是Character Studio产品附带的3ds Max系统。它是一个为动画而设计的骨架，它被创建为一个互相连接的层次，被特意设计成直立行走，然而也可以更改Biped卷展栏内的参数来创建多条腿的生物，如图8-3-17所示。

图8-3-17　Biped形状

2.Biped面板

当体形模式处于活动状态时，"结构"卷展栏将变为可用状态。该卷展栏包含用于更改Biped的骨骼结构以匹配角色网格(恐龙、机器人和人类等)的参数，也可添加小道具(最多可以添加3个)来表示工具或武器，如图8-3-18所示。

图8-3-18　Biped面板

（1）躯干类型：提供了4种类型，用于确定Biped的整体外观，如图8-3-19所示。

- 骨骼：自然适应角色网格的真实骨骼。
- 男性：基于基本男性比例的轮廓模型。
- 女性：基于基本女性比例的轮廓模型
- 经典：原始版本的 Character Studio的Biped 对象。

（2）尾部链接：Biped尾部的链接数。值0表明没有尾部。

（3）马尾辫1/2链接：马尾辫链接到角色头部并且可以用来制作其他附件动画，如头发、角等。

（4）小道具1/2/3：用来表示附加到Biped的工具或武器。默认情况下，道具1出现在右手的旁边，道具2出现在左手的旁边，道具3出现躯干前面之间的中心。图8-3-20有尾部和马尾辫的弯曲Biped。

（5）手指，手指链接：确定手指个数/指骨节数，如图8-3-21所示为5个手指，指骨为3的手骨骼。

3.足迹动画

足迹动画是两足动物的核心组成工具。足迹是 Biped 的子对象，在场景中，每一足迹的位置和方向控制Biped步幅的位置。足迹适用于Biped位于地面上或需要使用大量场地的动画中，如行走、站立、跳跃、奔跑、跳舞和运动动作。

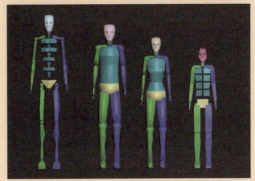

骨骼　　男性　　女性　　标准

图8-3-19　躯干类型

图8-3-20　弯曲形状

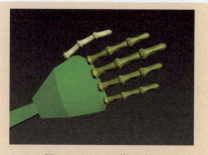
图8-3-21　手指形状

4.弯曲链接

在Biped面板中(见图8-3-22)单击"形体模式"按钮，再展开"弯曲链接"面板，如图8-3-23所示。

图8-3-22　形体模式

图8-3-23　弯曲链接

利用"弯曲链接"下的各按钮可实现 Biped的各种弯曲，如图8-3-24所示。

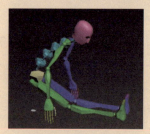
弯曲整个身体

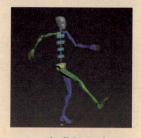
扭曲腿和手

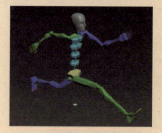
扭曲成大步跑形状

图8-3-24　各种弯曲

拓展练习 ·················

利用"骨骼"面板、"弯曲链接"面板中的按钮及旋转、移动、缩放等工具完成图8-3-25所示的扭曲骨骼形状效果。

操作提示：

（1）创建Biped骨骼，躯干类型为骨骼，尾部链接为8，马尾辫1链接为3，其余为默认值，在任意视图中拖出一个人物骨骼。

（2）分别选中马尾和尾部骨骼，打开运动面板，找到"弯曲链接"，选择弯曲链接模式 。

图8-3-25　扭曲骨骼形状效果

（3）利用旋转和移动等工具，完成身体其他部位的扭曲。

模块测试

一、理论测试

1.在3ds Max 2018中,创建关键帧有两种模式:＿＿＿＿＿＿和＿＿＿＿＿＿
模式。

2.3ds Max的轨迹视图是用来对动画轨迹进行直观控制的视图,轨迹视图有＿＿＿＿＿＿
和＿＿＿＿＿＿两种轨迹视图。

3.＿＿＿＿＿＿＿＿是一种将动画显示为关键点和范围的电子表格。

4.动画约束是指用一个对象来控制另一个对象的运动,常用的动画约束类型有
＿＿＿＿＿＿、＿＿＿＿＿＿、＿＿＿＿＿＿、＿＿＿＿＿＿4种。

5.＿＿＿＿＿＿＿＿是一个为动画而设计的骨架,它被创建为一个互相连接的层次,
被特意设计成直立行走。

6.Biped提供的躯干类型有＿＿＿＿＿、＿＿＿＿＿、＿＿＿＿＿、＿＿＿＿＿4种。

二、操作测试题

1.相机环游大树的效果如图8-3-26所示。

提示:摄影机跟随螺旋线路径从树根运动到树顶。

第0帧　　　　　　第150帧　　　　　　第350帧　　　　　　第500帧

图8-3-26　环游大树

2.利用"骨骼"面板、"弯曲链接"面板中的按钮及旋转、移动、缩放等工具完成图8-3-27所示的掰手腕动作。

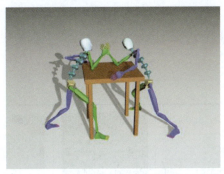

图8-3-27　掰手腕

粒子动画基础

模块九

模块综述

　　影片中的光、电、星、火、云、气等常用来表现故事情节和渲染人物心情，而要拍摄这些现象常受自然天气和拍摄工具的制约，成本大，工期长，因此常借助于计算机特技来完成。3ds Max提供的粒子系统、空间扭曲、视频后期处理等功能就能轻松制作出影片所需的逼真的自然效果。

学习完本模块后，你将能够：

- 利用喷射粒子制作春雨潇潇；
- 利用空间扭曲控制粒子云制作气泡；
- 利用后期特效制作璀璨烟花。

微课

学习任务一　春雨潇潇——喷射粒子的应用

【任务概述】

　　下雨是影视中和自然中最常见的现象，"雨滴"这种大量的小颗粒对象，正符合使用粒子系统来制作。本任务介绍3ds Max 2018自带的粒子类型，以及其参数设置和使用技巧。

【任务目标】

　　通过制作春雨潇潇实例，学习使用粒子、粒子云等模拟制作雨雪等自然现象的方法。

【任务制作思路】

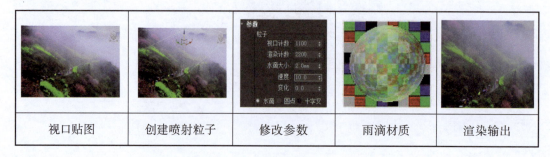

| 视口贴图 | 创建喷射粒子 | 修改参数 | 雨滴材质 | 渲染输出 |

【预备知识】

粒子系统的使用方法

3ds Max提供了7种粒子,单独或联合使用面板中的7种粒子系统模拟某种自然现象,下面以创建雪粒子为例介绍粒子系统的基本创建方法。

（1）单击创建面板下的粒子系统,如图9-1-1所示,将弹出粒子系统对象面板,如图9-1-2所示。

图9-1-1　粒子系统命令

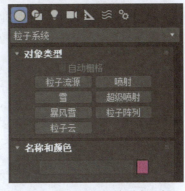

图9-1-2　粒子系统对象面板

（2）在"对象类型"面板中单击"雪"按钮,在场景中拖动即可创建"雪"粒子,拖动时间滑块到第15帧左右,可看见"下雪"效果,如图9-1-3所示。

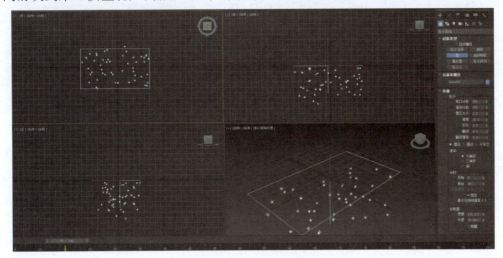

图9-1-3　创建"雪"效果

【任务步骤】

1.添加视口贴图

（1）激活透视图,按G键隐藏网格,按Alt+B快捷键,弹出"视口配置"对话框,选择"使用文件"选项,如图9-1-4所示。

（2）选择"素材\模块九\春雨.jpg"文件,单击"应用到活动视图"按钮,此时透视口效果如图9-1-5所示。

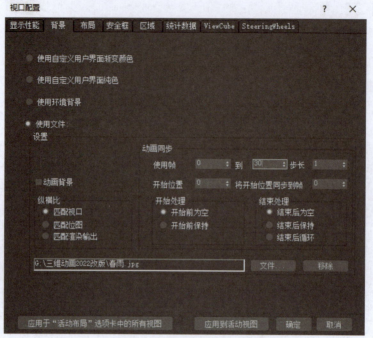

图9-1-4 "视口配置"对话框

提示：在透视图中加入图片便于放置喷射粒子的位置，但渲染时并不会渲染出此图像。要渲染出此图像，还需在渲染环境中设置背景贴图。

图9-1-5 透视口效果

2.设置环境贴图

在"环境"窗口中单击"无"按钮，选择"位图"模式，再选择"素材\模块九\春雨.jpg"文件，最后单击"渲染预览"按钮，如图9-1-6所示。

图9-1-6　设置环境贴图

3.创建喷射粒子

在粒子系统对象面板中,单击"喷射"按钮,创建一个喷射对象,调节位置,使之位于图像的上方,如图9-1-7所示。

图9-1-7　创建喷射粒子

4.预览粒子效果

将时间滑块拖到第50帧,可以看到"喷射"粒子下出现了很多小点,将喷射粒子向上移到天空位置,以便模拟"雨"从天而降的效果,如图9-1-8所示。

图9-1-8　预览粒子效果

5.增加"雨点"数量

选中"喷射"粒子,设置粒子的视口计数为1 100,渲染计数为2 200,如图9-1-9所示,此时透视图中的效果如图9-1-10所示。

图9-1-9　视口参数

图9-1-10　透视效果

提示:视口计数:调节视口中显示的最大粒子数量,不会改变最终渲染结果的粒子数量。

渲染计数:确定一个帧在渲染时可以显示的最大粒子数。直接影响渲染结果粒子数量,只有改变这个值才真正改变喷射粒子数量。

技巧:将视口显示数量设置为少于渲染计数,可以提高视口的性能。

6.提前"下雨"时间

当把时间滑块拖到第0帧时没有看到一滴雨，不符合春雨潇潇的自然现象，如何让第0帧时就下个不停呢？修改粒子参数中的"计时"开始为−40，寿命为100，如图9-1-11所示。此时第0帧透视图如图9-1-12所示。

图9-1-11　计时参数

图9-1-12　第0帧处的透视图

7.设置"雨滴"大小变化

（1）在视口计数参数中，将第0帧处的水滴设为1.0 mm，表示天空中的雨滴很小，如图9-1-13所示。

（2）单击时间面板上的"自动关键帧"按钮，激活自动关键帧，将时间滑块拖到第80帧，设置雨滴为3.0 mm，表明此时雨下到眼前，变大了，再单击"自动关键帧"退出自动关键帧状态，如图9-1-14所示。

图9-1-13　第0帧雨滴

图9-1-14　第80帧雨滴

8.创建"雨滴"材质

在"材质编辑器"中选择一个标准材质球，设置其基本材质参数如图9-1-15所示，此时第80帧渲染如图9-1-16所示。

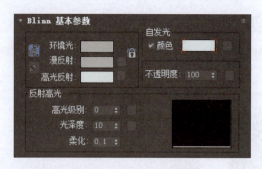

图9-1-15　材质窗口

图9-1-16　第80帧渲染效果

9.设置"雨滴"运动模糊效果

运动中的雨滴不是一颗一颗的,而是模糊的,为了更接近下雨自然现象,需添加运动模糊效果。

(1)选择喷射粒子,单击右键,在弹出的快捷菜单中选择"对象属性",如图9-1-17所示。

(2)在"对象属性"对话框"常规"选项卡的"运动模糊"组中,选择"图像"方式,单击"确定"按钮,如图9-1-18所示。

图9-1-17　喷射粒子右键菜单

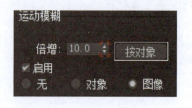

图9-1-18　设置运动模糊

10.保存与输出

（1）按Ctrl+S快捷键保存文件，以"春雨潇潇.max"为文件名，以便下次修改或调用。

（2）按F10键调出渲染窗口，设置时间输出为活动时间段，设置输出文件为"春雨潇潇.mov"格式，单击"渲染"按钮输出动画，图9-1-19和图9-1-20所示分别是第50帧和100帧的截图效果。

图9-1-19　第50帧　　　　　　　　　图9-1-20　第100帧

知识链接

3ds Max 2018 中的粒子系统

3ds Max中的粒子系统由事件驱动粒子系统和非事件驱动系统组成。

•事件驱动粒子系统：也就是粒子流，它能够测试粒子的属性，并根据测试结果将其发送给不同的事件，来完成复杂的粒子特效。

•非事件驱动粒子系统：随时间生成粒子对象提供了相对简单直接的方法，以便模拟雪、雨、尘埃等效果。3ds Max提供了6个内置非事件驱动粒子系统：喷射、雪、超级喷射、暴风雪、粒子阵列和粒子系统。

下面介绍3ds Max 2018粒子系统的主要参数及其功能。

1.喷射、雪粒子系统

喷射、雪粒子系统用于发射垂直的粒子流，参数简单，易于控制，两者不同的是雪粒子多了"翻滚"和"翻滚速率"两个控制雪花下落的参数，如图9-1-21和图9-1-22所示。

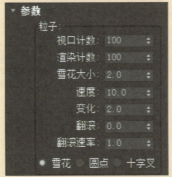 

图9-1-21　"雪"粒子参数　　　　　图9-1-22　"喷射"粒子参数

2.超级喷射、粒子云、粒子阵列

超级喷射、粒子云、粒子阵列这3种粒子系统通常称为高级粒子系统，它们的参数类型基本相同，都具有基本参数、粒子生成、粒子类型等8个参数卷展栏，如表9-1-1所示。

表9-1-1　参数类型及作用

▶基本参数 ▶粒子生成 ▶粒子类型 ▶旋转和碰撞 ▶对象运动继承 ▶气泡运动 ▶粒子繁殖 ▶加载/保存预设	**基本参数**：用于创建和调整粒子系统的大小，拾取对象，初始速度及显示方式
	粒子生成：控制粒子产生的时间、速度、移动方式及不同时间粒子的大小
	粒子类型：指定所用的粒子类型以及对粒子执行的贴图的类型
	旋转和碰撞：影响粒子的旋转，提供运动模糊效果，并控制粒子间碰撞
	对象运动继承：通过发射器的运动影响粒子的运动
	气泡运动：调整气泡"波"的振幅、周期和相位
	粒子繁殖：设置粒子在碰撞或消亡时繁殖其他粒子
	加载/保存预设：存储预设值，以便在其他相关的粒子系统中使用

3.暴风雪

暴风雪是雪粒子系统的高级版本，既具有雪粒子的基本参数，也具有超级喷射、粒子云等高级粒子的大部分参数，只是少于"气泡运动"参数，设置和使用方法与雪粒子和超级喷射相类似。

4.粒子流源

粒子流源是一种多功能且强大的3ds Max粒子系统，是事件驱动粒子系统。使用一种称为粒子视图的特殊对话框来使用事件驱动模型。随着事件的发生，"粒子流"会不断地计算列表中的每个操作符，并相应更新粒子系统，由于此系统比较复杂，本书作为基础教程不作讲述。

拓展练习 ⋯⋯⋯⋯

雪花飘飘

模仿本任务中下雨的步骤和参数设置的方法，制作雪花飘飘的动画，图9-1-23是第50帧的渲染图。

提示：雪粒子的材质与雨滴材质相同，设置运动模糊为图像，倍增为1.0。

图9-1-23　第50帧的下雪效果

学习任务二 氧气泡泡——空间扭曲控制粒子云动画

【任务概述】

影视中的爆炸、波浪、旋涡、模拟微生物的运动等,如果实景拍摄,相当困难,但是用3ds Max的空间扭曲控制粒子系统的运动等技术来制作这些效果,将降低拍摄难度、节省成本、提高效率。本任务将介绍空间扭曲的原理和使用方法。

【任务目标】

通过制作氧气气泡动画,学习使用空间扭曲与粒子系统的密切结合技术。

【任务制作思路】

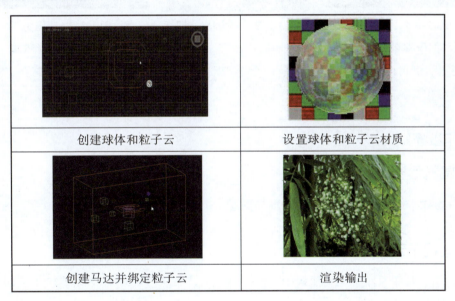

创建球体和粒子云	设置球体和粒子云材质
创建马达并绑定粒子云	渲染输出

【预备知识】

空间扭曲

空间扭曲是一种特殊的力场,施加了这种力场后的场景,就能用来模拟自然界的各种动力效果,从而使物体的运动更加贴近生活,如涟漪、波浪、风吹、重力反弹、路径跟随、旋涡、爆炸等效果,如下面的空间扭曲控制雪粒子实例。

(1)创建被扭曲的实体,如雪粒子,预览动画,发现雪下个不停,图9-2-1所示是第100帧处的透视图效果。

(2)单击 ➕ → 〰 按钮,选择扭曲类型"力",再单击"阻力"按钮,创建一个"阻力"空间扭曲。

（3）单击主工具栏上"空间绑定"  按钮，单击"雪"粒子，按住鼠标左键，拖动到"阻力"空间扭曲上，完成绑定。

（4）选择"阻力"，设置"阻力特性"下Z轴为100%，如图9-2-2所示。播放动画，发现"雪"粒子在Z轴方向受阻，雪下不下来，如图9-2-3所示。

图 9-2-1 雪粒子
第100帧处效果

图 9-2-2 阻力特性参数

图9-2-3 受阻力
影响的"雪"粒子效果

由此实例可以看出，空间扭曲是一个虚拟对象，是不可渲染对象，只影响和它绑定在一起的对象。

【操作步骤】

1.创建气泡实体

在场景中创建一个半径为10的球体对象。

2.创建粒子云

（1）在"粒子系统"对象面板中，单击"粒子云"按钮，在场景中创建粒子云对象，如图9-2-4所示。

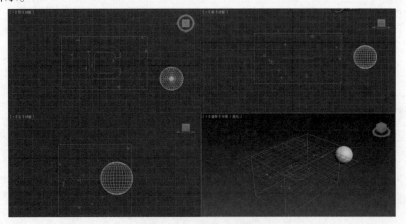

图9-2-4 创建一个粒子云

（2）在"粒子生成"参数中设置粒子运动速度为1，变化为100。选择"方向向量"，并设置X，Y，Z的值分别为0，0，10，如图9-2-5（a）所示。设置"粒子计时"参数如图9-2-5（b）所示。

（3）设置"粒子类型"为实例几何体，单击"拾取对象"按钮，拾取球体，如图9-2-5（c）所示。

（a）粒子生成参数

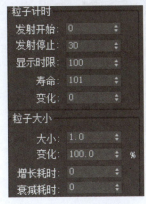

（b）粒子计时参数

（c）粒子类型参数

图9-2-5　设置粒子参数

3.设置粒子云的材质

（1）按M键打开"材质编辑器"窗口，选择一个材质球，设置"明暗器基本参数"，如图9-2-6所示。单击"自发光"颜色右边的按钮，设置其贴图为衰减，衰减参数如图9-2-7所示。

图9-2-6　明暗器基本参数

图9-2-7　衰减参数

（2）展开贴图卷展栏，在不透明度通道中添加"衰减"贴图，透明度为50。在反射通道中添加"光线跟踪"材质，数量为50，如图9-2-8所示。双击材质球，放大显示材质球，如图9-2-9所示。

图9-2-8　设置贴图参数　　　　　　　　　　　图9-2-9　材质球效果

（3）将此材质赋给场景中的"粒子云"和"球体"。

4.设置背景

（1）设置透视口背景。将"素材\模块九\竹林.jpg"文件设置为透视口背景，如图9-2-10所示。

提示：按G键可关闭活动视图中的网格。

（2）设置环境贴图。将"素材\模块九\竹林.jpg"文件设置为环境贴图，以使渲染后有竹林背景。

（3）按F9键渲染，可看到第0帧效果如图9-2-11所示，发现气泡在一起，不真实。

图9-2-10　透视口竹林背景　　　　　　　　　图9-2-11　第0帧效果

5.添加"马达"空间扭曲

（1）单击 ✚ → 〰 中"力面板"下的"马达"按钮，在顶视图中创建"马达"空间扭曲，如图9-2-12所示。

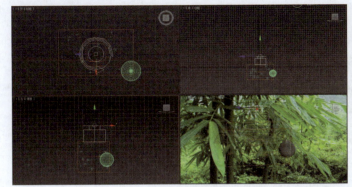

图9-2-12　创建"马达"空间扭曲

（2）绑定粒子云。单击工具栏上 ⚡ 按钮，在前视图中单击粒子云实体，按住鼠标左键，将出线的虚线拖到马达上，完成绑定，绑定后的修改面板如图9-2-13所示。

（3）设置"马达"的计时开始时间为0，结束时间为100，目标转速为100。周期1为0，幅度1为100，此时场景中的云粒子在马达的影响下，呈蜂窝状旋转开来，如图9-2-14所示。

图9-2-13　马达绑定的修改面板

图9-2-14　"马达"参数与效果

6.存盘与动画渲染输出

（1）按Ctrl+S快捷键保存文件，并命名为"氧气泡泡.max"，按F10键调出渲染窗口，设置时间输出为活动时间段，设置出文件为"泡泡.avi"。

（2）渲染完毕后，可观看动画效果，图9-2-15（a）和图9-2-15（b）是动画第20帧和第80帧的动画截图。

（a）第20帧效果　　　　　　　　　（b）第80帧效果

图9-2-15　泡泡动画截图

知识链接·················

3ds Max 2018中的空间扭曲工具

空间扭曲工具数量较多，主要有力、导向器、几何/可变形、基于修改器、粒子和动力学5个类别，而每个类型下又有多个命令，如力对象面板如图9-2-16所示。

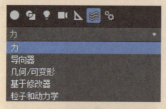 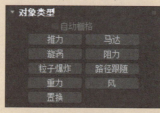 

（a）空间扭曲面板　　　　（b）力对象类型面板　　　　（c）导向器：使例子偏转

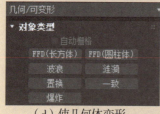 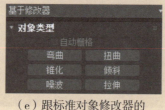 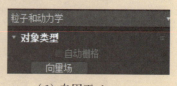

（d）使几何体变形　　　　（e）跟标准对象修改器的　　　　（f）专用于character
　　　　　　　　　　　　　　　效果完全相同　　　　　　　　　studio 群组模拟

图9-2-16　力对象面板

拓展练习·················

将本任务中的"马达"改为"重力"空间扭曲，使所有气泡像雨滴一样落下。

学习任务三　璀璨烟花——视频后期处理美化粒子系统

【任务概述】

　　姹紫嫣红的烟花瞬间绽放、消失，留给人们永久记忆是美好、幸福的。这种瞬间效果要拍摄下来是相当困难的，而利用3ds Max 2018的视频后期处理美化粒子系统就可轻松实现。本任务介绍制作璀珑烟花的效果。

【任务目标】

　　通过制作璀璨烟花实例，学习视频后期处理美化粒子系统的方法和技巧。

【任务制作思路】

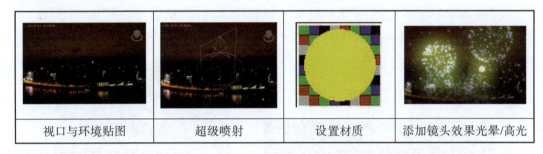

| 视口与环境贴图 | 超级喷射 | 设置材质 | 添加镜头效果光晕/高光 |

【预备知识】

视频后期处理

　　视频后期处理（Video Post）：早期版本也称为视频滤镜，主要用来制作发光、发热、镜头光斑、钻石星光、星空等特效，下面以制作星空为例，介绍视频后期处理操作方法。

　　（1）在顶视图中创建一个目标摄影机，将透视图改为"相机视图Camera01"。

　　（2）执行"渲染"→"视频后期处理"菜单命令。

　　（3）单击"添加场景事件" ▨ 按钮，并确保视图设置到 Camera01。

　　（4）单击"添加图像过滤器事件" ▨ 按钮，并从"过滤器插件"列表中选取"星空"。

　　（5）单击"设置"按钮以打开"星星控制"对话框，确保"源摄影机"（顶部位置）设置为Camera01，然后单击"确定"按钮。

　　（6）单击"添加图像输出事件" ▨ 按钮，然后单击"文件"，将输出文件格式设置为"bmp文件"并输入文件名，如星空。

　　（7）单击"执行序列" ▨ 按钮，将时间输出设置为"单帧"并单击"执行视频后期处理"对话框中的"渲染"，最终结果如图9-3-1所示。

图9-3-1　星空效果

【任务步骤】

1.配置贴图

（1）添加视口贴图。激活透视图，添加"素材\模块九\夜景.jpg"文件作为背景图，如图9-3-2所示。

（2）设置环境贴图。在"环境和效果"窗口中单击"无"按钮，选择"位图"模式，再选择"素材\模块九\夜景.jpg"文件，最后单击"渲染预览"按钮，如图9-3-3所示。

图9-3-2　透视口背景

图9-3-3　设置环境贴图

2.制作"超级喷射"粒子

（1）在透视图中创建"超级喷射"发射器，如图9-3-4所示。

（2）设置"超级喷射"的"粒子分布"参数如图9-3-5所示，显示图标及视口参数如图9-3-6所示。

图9-3-4　创建"超级喷射"

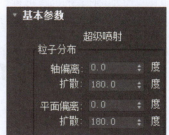

图9-3-5　粒子分布

（3）展开"粒子生成"参数栏，设置粒子数量、粒子运动如图9-3-7所示，粒子大小如图9-3-8所示。

（4）展开"粒子类型"参数栏，设置粒子类型和粒子形状如图9-3-9所示。

图9-3-6　显示图标及视口

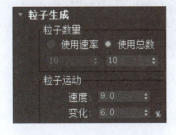

图9-3-7　粒子数量和运动

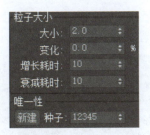

图9-3-8　粒子大小

图9-3-9　粒子类型和形状

（5）展开"粒子繁殖"卷展栏，设置其参数如图9-3-10所示，拖动时间滑块到第75帧处，此时透视口如图9-3-11所示。

图9-3-10　粒子繁殖参数

图9-3-11　第75帧透视口效果

（6）选中粒子，单击右键，选择"对象属性..."，在弹出的对话框中设置对象ID号为1，运动模糊方式为"图像"，倍增为3，如图9-3-12所示。

（7）按F9键渲染第75帧，发现烟花位置低了一点，如图9-3-13所示，调整烟花位置到天空处即可。

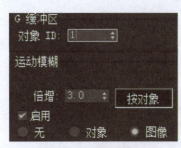

图9-3-12　设置运动模糊

图9-3-13　第75帧烟花渲染效果

3.设置烟花材质

（1）按M键打开材质编辑器，选择一个空白材质，设置"明暗器基本参数"中自发光颜色100，其余默认，如图9-3-14所示。

（2）展开"贴图"卷展栏，给"漫反射颜色"贴图通道添加"粒子年龄"类型，设置粒子年龄参数如图9-3-15所示，此时示例材质如图9-3-16所示。

图9-3-14　明暗器基本参数

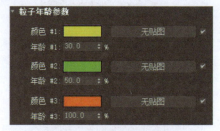

图9-3-15　粒子年龄参数

图9-3-16　示例材质

图9-3-17　彩色烟花

（3）将此材质赋给超级粒子，按F9键渲染当前帧（第75帧），效果如图9-3-17所示，可看见烟花变成彩色的。

4.制作烟花光效

（1）执行"渲染"→"视频后期处理…"菜单命令，打开"视频后期处理"对话框，如图9-3-18所示。

（2）单击"添加场景事件" ■ 按钮，选择"透视"，单击"确定"按钮，添加"透视"效果，如图9-3-19所示。

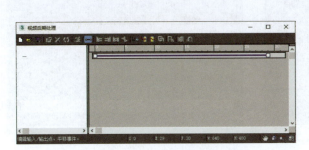

图9-3-18 "视频后期处理"对话框

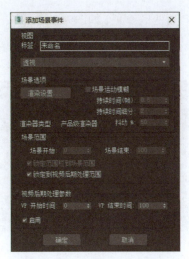

图9-3-19 添加"透视"事件

（3）单击"添加图像过渡事件" 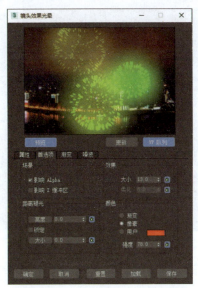 按钮，在弹出的对话框中选择"镜头效果光晕"选项，如图9-3-20所示。单击"确定"按钮，再双击队列中的"镜头效果光晕"事件，在弹出的对话框中单击"设置"，打开"镜头光晕效果选项"对话框。

（4）在"镜头效果光晕"对话框中单击"预览"和"VP队列"两个按钮，在"属性"选项卡中确定对象的ID号为1，在"首选项"卡中，设置"效果"大小为13，强度为78，单击"更新"按钮，预览效果，如图9-3-21所示，最后单击"确定"按钮返回"视频后期处理"对话框。

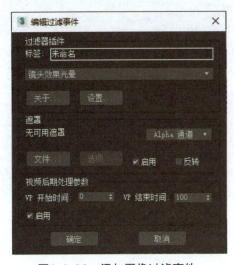

图9-3-20 添加图像过滤事件

图9-3-21 设置镜头光晕参数

（5）不选中任何选项，单击"添加图像过渡事件" 按钮，再添加一个"镜头效果高光"效果，进入设置面板预览。在"设置面板"的"首选项"卡中，设置"大小"和"点数"分别为3和6，如图9-3-22所示。

（6）在"首选项"中单击"颜色"组中的"渐变"单选项，再单击"渐变"选项卡，设置径向渐变的颜色，如图9-3-23所示。

提示： 此颜色可根据自己的喜爱随意调整。

（7）如果预览窗口中的效果满意，单击"确定"按钮完成设置。

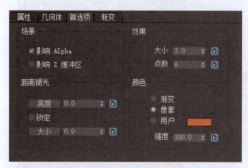

图9-3-22　设置"镜头效果高光"首选项

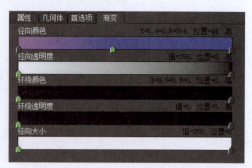

图9-3-23　设置高光的渐变颜色

5.视频后期输出

（1）单击"添加图像输出事件" ![]按钮，在弹出的对话框中单击"文件"按钮，设置好文件的保存路径和格式后单击"确定"按钮，如图9-3-24所示。

（2）单击"执行序列" ![]按钮，设置输出范围和尺寸，单击"渲染"按钮渲染动画，如图9-3-25所示。

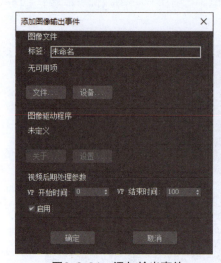

图9-3-24　添加输出事件

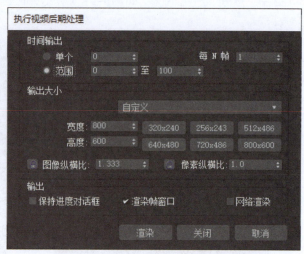

图9-3-25　"执行视频后期处理"对话框

注意： 只有在视频后期处理提供的渲染功能中才能渲染指定的视频特效。

6.文件保存

按Ctrl+S快捷键保存文件，并命名为"璀璨烟花.max"，图9-3-26和图9-3-27是烟花的两幅渲染截图。

图9-3-26　烟花渲染截图1　　　　　　　图9-3-27　烟花渲染截图2

知识链接••••••••••••••

视频后期窗口

　　视频后期处理（Video Post）提供了各种图像和动画合成的手段，包括动态影像的非线性编辑功能以及一些特殊效果的处理功能。其中的Highlight（高光）滤镜的效果能在表面高光区制作出明亮的、耀眼的星状光芒。

　　视频后期处理窗口如图9-3-28所示，该窗口由工具栏、视频对象队列、时间线范围、信息栏和状态栏5个部分组成。

图9-3-28　视频后期处理窗口

1.工具含义

　　添加场景事件：选择添加到队列中的视图，一般选择摄像机视图或透视图。

事件编辑、删除、交换以序列执行　　　　　　图像输入，过滤、图层、输出事件

外部事件、循环事件

2.视频后期内"图像过滤事件"特效

　　视频后期"图像过滤事件"特效有：底片、对比度、简单擦除、镜头效果、衰减、图像alpha、星空等11个特效。

一、理论测试

1.3ds Max中的粒子系统由_____驱动粒子系统和_____驱动系统系统组成。

2.3ds Max 提供了6个内置非事件驱动粒子系统：喷射、_____、超级喷射、_____、粒子阵列和_____。

3.超级喷射、粒子云、粒子阵列这3种粒子系统通常称为_____系统，它们的参数类型基本相同，都具有_____、_____、_____等几个参数卷展栏。

4._____是一种特殊的力场，施加了这种力场作用后的场景，可以用来模拟自然界的各种动力效果。

5.空间扭曲是一个_____对象，是不可渲染对象，只会影响_____在一起的对象。

6.视频后期处理（Video Post）主要用来制作_____、_____、镜头光斑、_____、星空等特效。

二、操作测试题

利用视频后期处理制作星云效果，如图9-3-29和图9-3-30所示是星云的两幅截图。

提示：喷射粒子，漩涡扭曲，镜头效果高光（渐变颜色）。

图9-3-29　星云截图1

图9-3-30　星云截图2

 **实训四　陷阱——三维动画的综合实例**

【实训目的】

（1）熟悉制作3D动画的制作流程；

（2）掌握自动关键帧制作动画的方法；

（3）掌握利用修改器参数制作动画的方法：

（4）掌握摄像机动画的综合应用。

【实训内容】

完成如下故事情节的动画制作：路人甲经过路人乙时，发现路人乙正在挣扎，浑身难受，于是走到乙的身边去看个明白，谁知乙飞天消失，甲却被困在尖刺中……

【任务制作思路】

路人甲	路人乙
第150帧	第220帧	第320帧	第400帧

【实训步骤】

1.创建动画模型

（1）创建地面模型。在透视图中创建一个长为800，宽为400的白色平面，并命名为"地面"。

（2）创建暗器模型。

①在前视图中创建一个半径1为2，半径2为0的圆锥体，并命名为"暗器"。

②进入层次面板，单击"仅影响轴"按钮，将"暗器"的中心移到地面的中心处，执行"工具"→"阵列"命令，设置Z轴的旋转角度为18，阵列维度为1D，数量为20，类型为"实例"，单击"确定"按钮进行环形阵列复制，参数如图实4-1所示，顶视图如图实4-2所示。

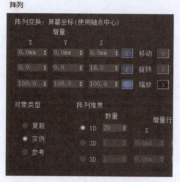

图实4-1　环形阵列参数

图实4-2　顶视图效果

③选中所有暗器，将其复制一份，并缩小、旋转，顶视图排列成如图实4-3所示效果，透视口如图实4-4所示。

图实4-3　顶视口效果

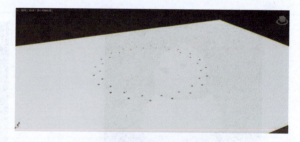

图实4-4　透视口效果

（3）创建路人甲模型。

①在透视图中创建身体部分（2个白球、2个黑球、1个圆环和1个圆锥体）和帽子部分（1个白球、1个圆锥体和1个圆环），如图实4-5所示，并将其组合成路人甲，如图4-6所示。

图实4-5　路人甲组件

图实4-6　路人甲形状

②美化路人甲，选中路人甲的帽子主体，执行"组"→"打开"命令，选中圆锥体，在修改器面板中添加弯曲效果，再执行"组"→"关闭"命令。

（4）创建路人乙模型。创建一个"十二面体/二十面体"，设置系列参数如图实4-7（a）所示，轴向比率如图实4-7（b）所示，顶点参数如图实4-7（c）所示，效果如图实4-7（d）所示，并命名为"路人乙"。

（a）系列参数

（b）轴向比率

（c）顶点参数

（d）路人乙

图实4-7　创建路人乙模型

2.构建场景

（1）布置场景。将路人乙放在地面上暗器的中心位置，路人甲放在地面的边沿，面向路人乙。

（2）添加摄影机。创建一个"目标摄影机"，在透视图中按C键将其切换到摄像机视图，并调整视角，如图实4-8所示。

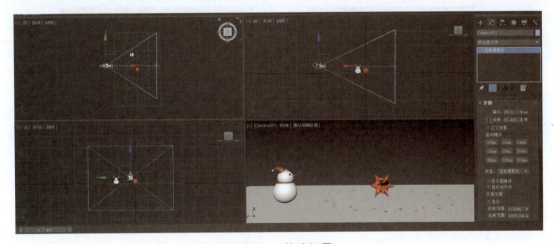

图实4-8　构建场景

3.制作动画

（1）设置动画时间。单击动画控制区中的"时间配置" ⏱ 按钮，设置结束时间为400帧。

（2）设置路人乙表演动画。

①在时间线面板上单击"自动关键点"按钮，启动自动关键帧动画记录模式。

②将时间滑块移到第100帧处，选中路人乙，设置参数P的值为0，Q为0.52；轴向比率中R为20，如图实4-9所示。使用旋转工具将其旋转两圈，再向上移动10个单位，摄影机视图效果如图实4-10所示。

③选择"移动工具" ✥，将时间滑块移到第220帧处，并将路人乙向上移动，直到在摄

像机视图中看不到，即制作路人乙变化后飞向天空消失的效果。

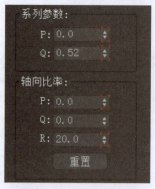

图实4-9　第100帧参数

图实4-10　摄影机视图效果

（3）制作路人甲表演动画。

①确保当前动画模式为自动关键帧记录模式，选中路人甲，将时间滑块移到第160帧处，再将路人甲移到路人乙的附近，如图实4-11所示。

②将第0帧处的关键帧移到第130帧处，再移动时间滑块到180帧处，利用路人甲旋转1圈半，面向路人乙，将旋转的第0帧处关键点移到第160帧位置，效果如图实4-12所示。

图实4-11　移动路甲人

图实4-12　旋转路人甲

③将时间滑块移到第220帧处，再将路人甲向前移动一小段距离，再旋转路人甲2圈，制作路人乙不见了，路人甲在寻找的动作。

（4）制作暗器出场动画。

确保当前动画模式为自动关键帧记录模式，移动时间滑块到第230帧处，选中1个暗器。在修改器面板中将高度改为60，将第0帧处的关键点移到第220帧处，效果如图实4-13所示。

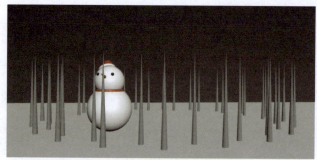

图实4-13　第230帧暗器效果

提示： 暗器在阵列时采用的是"实例"复制方法，所以更改一个暗器的高度，所有暗器的高度都发生变化。

（5）制作路人甲在陷阱中寻找出口的动画。

①选中路人甲，确保当前动画模式为自动关键帧记录模式。将时间滑块移到第230帧处，将路人甲移到暗器的左边，并旋转。

②将时间滑块移到第240帧处，将路人甲移到右边，再旋转，制作路人甲在寻找出口的动作，图实4-14所示是第300帧处的路人甲在陷阱中（根据你的想象利用移动、旋转工具来制作路人甲着急寻找出口的动作）。

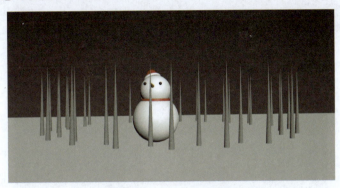

图实4-14　第300帧处效果

（6）制作摄像机动画，显示路人甲的表情。

①在自动关键帧记录模式下，将时间滑块移到第240帧处，选中摄像机，在顶视图中将摄像机向右推，在前视图中将摄像机向下移，效果如图实4-15所示，并将第0帧处的关键帧移到第230帧处。

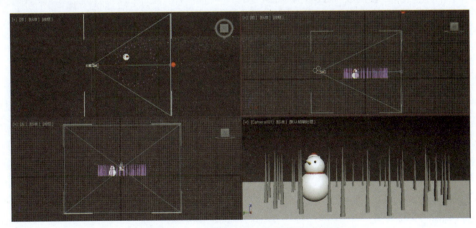

图实4-15　第230帧处的摄影机位置

②将时间滑块移到第280帧处，在顶视图中将摄像机向右推进，特写路人甲在陷阱中的情形，如图实4-16所示。

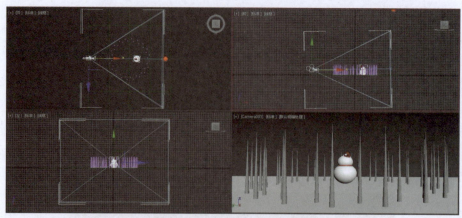

图实4-16　第280帧处场景效果

③将第280帧的关键帧复制到第320帧处，镜头定位特写路人甲着急的囧态，如图实4-17所示。

图实4-17　第320帧处的摄影机视图效果

④将时间滑块移到第380帧处，在顶视图中将摄像机向左移动显示远景，向观众展示路人甲落入陷阱的全景，如图实4-18所示。

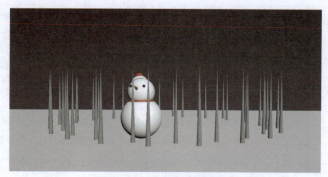

图实4-18　陷阱全景

4.环境配置

（1）修改地面。单击时间轴上的"自动关键帧"按钮退出自动关键帧模式，观察摄像机视图，发现地面太窄。选中白色的地面，在修改面板中将长改为800，宽改为500，图实4-19所示是第0帧处的摄像机视图。

（2）深加环境背景。执行"渲染"→"环境"菜单命令，在对话框中单击"环境贴图"，选择"实训四\贴图\白云.jpg"文件，按F9键渲染第0帧，效果如图实4-20所示。

图实4-19　第0帧摄影机效果　　　　　图实4-20　第0帧渲染效果

5.渲染输出与保存

（1）设置渲染参数。执行"渲染"→"渲染设置"菜单命令，在渲染设置窗口中选择"活动时间段0至400帧"，输出大小为640×480，输出文件名为"陷阱.avi"

（2）选择渲染器。打开"指定渲染器"卷展栏，设置产品级的渲染器为"Quicksilver硬件渲染器"，如图实4-21所示，单击"确定"按钮。

（3）渲染效果。单击"渲染"按钮，渲染动画。

（4）保存文件。按Ctrl+S快捷键保存动画，并命名为"陷阱.max"

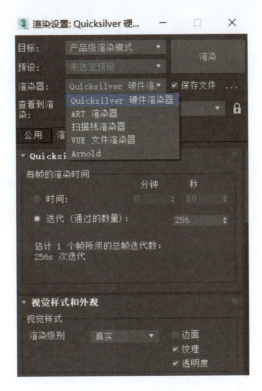

图实4-21　选择渲染器